淮北地区
灌区节水减排和生态建设理论与技术

HUAIBEI DIQU GUANQU JIESHUI JIANPAI HE SHENGTAI JIANSHE LILUN YU JISHU

房　凯　俞双恩　丁继辉　邵光成
李　丽　冯　骞　徐彬冰 / 编著

河海大学出版社
HOHAI UNIVERSITY PRESS
·南京·

图书在版编目(CIP)数据

淮北地区灌区节水减排和生态建设理论与技术 / 房凯等编著. -- 南京 : 河海大学出版社，2021.5
ISBN 978-7-5630-6930-9

Ⅰ. ①淮… Ⅱ. ①房… Ⅲ. ①灌区—节约用水—研究—淮北地区②灌区—生态环境建设—研究—淮北地区 Ⅳ. ①S274②X321.254

中国版本图书馆 CIP 数据核字(2021)第 076421 号

书　　名　淮北地区灌区节水减排和生态建设理论与技术
书　　号　ISBN 978-7-5630-6930-9
责任编辑　沈　倩
特约编辑　王　敏
特约校对　王春兰
封面设计　徐娟娟
出版发行　河海大学出版社
网　　址　http://www.hhup.com
地　　址　南京市西康路 1 号(邮编:210098)
电　　话　(025)83737852(总编室)　(025)83722833(营销部)
经　　销　江苏省新华发行集团有限公司
排　　版　南京布克文化发展有限公司
印　　刷　广东虎彩云印刷有限公司
开　　本　718 毫米×1000 毫米　1/16
印　　张　9.5
字　　数　175 千字
版　　次　2021 年 5 月第 1 版
印　　次　2021 年 5 月第 1 次印刷
定　　价　58.00 元

前　言

灌区是农业生产活动最为集中的区域，也是灌排工程设施最为密集、灌排保证程度最高、农业产出量最大的区域。江苏省是全国粮食主产区之一，而灌区是粮食主产区的重点，是粮食安全赖以保证的物质基础，未来灌区的发展，决定着粮食安全战略重点。近年来，我省粮食生产保持连续增长，但粮食和农业发展的各种支撑力量已经绷得很紧，各种制约因素和矛盾不断积累并逐步显现，要稳定农业发展，保持我省粮食连年增产的好势头，确保粮食安全，最关键的因素是水，最重要的基础是灌区。我省大中型灌区数量众多，近年来灌区基础设施条件不断改善，农业用水效率不断提高，农业抗旱减灾成效显著。但总体上工程标准仍然偏低，配套程度不足，管理粗放、信息化水平低，人才资源缺乏，生态环境问题突出，与现代农业发展、生态文明建设、乡村振兴战略的要求不相适应，与农业现代化建设的步伐不相协调。

灌排工程的配套与完善是改善耕地质量、提高土地产出率的重要保障，对于提高灌区水资源利用效率、保证作物高产稳产、节约耕地和保护农业生态具有重要作用。生态灌区的建设有利于维持生态经济系统的平衡、保护和改善生态系统、维护生物多样性、促进生产力的发展、建设良好的人居环境、减少农业面源污染。灌区水资源的合理配置可以保障农业生产的持续、稳定和均衡的发展，实现农业水资源的综合利用和优化管理，充分发挥现有水资源的作用与效益。因此，针对江苏省大中型灌区实际，贯彻习近平总书记“节水优先”和“推进农业农村现代化”的方针，推进江苏省大中型灌区节水改造规划，对于完善灌排工程体系、保护灌区生态、促进水资源合理配置、提高管理水平有重要意义。

在江苏省水利科技项目的资助下，根据多年的试验研究，我们组织编写了《淮北地区灌区节水减排和生态建设理论与技术》一书。在本书编写过程中，我们充分借鉴了相关规划和标准的已有成果，参考了相关学者及有关部门的工作成果和相关研究结论。该书在总结近年来我国及江苏省淮北地区灌区建设情况的基础上，阐述了当前和今后一个时期加快推进灌区节水减排和生态建设的重大意义，提出了现代灌区生态建设的具体措施及内容。本书从灌区节水减排建设标准、灌区节水-生态强化截污耦合技术及其环境效应、灌区水塘配置及其环境效应、灌区生态防渗技术推广与应用、灌区缓流水体嗅味物质识别与生态防控技术五个方面具体介绍淮北地区灌区节水减排和生态建设理论与技术，为淮北地区现代灌区生态建设提供理论支持。

本书编写人员及编写分工如下：第一章由房凯和丁继辉撰写，第二章由俞双恩和邵光成撰写，第三章由邵光成、房凯、王明明和王彦东撰写，第四章由房凯、李丽和陈晨撰写，第五章由丁继辉、李丽、徐彬冰和刘亮军撰写，第六章由房凯、邵光成、冯骞和王明明撰写。房凯负责全书的统稿工作。

本书所涉及的研究内容，得到了江苏省水利科技项目(2018051)和宿迁市重点科技研发计划项目(s201919)等资助，在此表示衷心的感谢。同时也借此，感谢对本书出版给予帮助的各位老师和学者。

由于作者的水平有限、时间仓促，书中疏漏之处在所难免，希望广大读者批评指正。

作者

2020年11月

目　录

第一章　绪　论

第一节　灌区现代化改造的背景

一、我国灌区现状

灌区是我国经济社会发展的重大公益性基础设施，是国家粮食安全的基础保障，同时也是现代化农业发展的主要基地。新中国成立以来，我国持续开展了以发展灌溉面积为核心的大规模农田水利建设。我国现有大中型灌区 7 748 处，小型农田水利工程 2 200 多万处，灌溉面积 9.88 亿亩(1 亩$=1/15\ hm^2$，下同)，排涝面积 3.25 亿亩。其中 30 万亩以上的大型灌区 459 处，灌溉面积 2.8 亿亩，1 万～30 万亩中型灌区 7 380 处，灌溉面积 2.4 亿亩；排灌泵站 43.5 万座，装机 2 700 多万 kW，其中大型 450 座、中型 3 500 座，灌排面积 6.4 亿亩。每年占全国耕地面积约 49%的灌溉面积上生产出约占全国总量 75%的粮食和 90%以上的经济作物。

我国灌区工程设施建设年代均较早，且历经多年运行，建设标准低、配套设施差、历史欠账多、管理能力弱等问题日益突出，加之受水土资源不均衡、水资源供需矛盾加剧等因素影响，部分灌区在工程设施、用水管理、可持续发展等方面存在一些突出短板。同时，大中型灌区年均灌溉用水量 2 150 亿 m^3 左右，占全国农业灌溉用水总量的 63%，是我国农业节水的主战场。为解决农业发展后顾之忧，更好适应乡村振兴战略，筑牢国家粮食安全根基，近年中央一号文件和《乡村振兴战略规划(2018—2022 年)》明确要求把实施大中型灌区续建配套与现代化改造作为一项重要任务。

二、江苏省水资源状况

江苏水资源时空分布不均，淮北地区、沿海垦区以及宁镇扬山丘区均存在不同程度的资源型缺水现象，苏南平原河网区则存在典型水质型缺水问题。《江苏省水资源综合规划》成果表明，到2020年，全省中等干旱年缺水29亿m^3，特殊干旱年缺水51亿m^3。保护水资源、节约用水、提高用水效率是江苏省今后相当一段时期内水资源开发利用的重点。江苏省水利条件总体虽然较好，但也不同程度的存在水多、水少、水脏的问题。伴随经济社会持续高速发展，江苏省水环境治理与河湖保护压力不断加大，现状水功能区水质达标率只有53.6%，70%的地表水体受到不同程度污染，防洪保安、水资源供给、水环境保护依然存在巨大压力。

根据《2019年江苏省水资源公报》，2019年江苏省农业用水量303.1亿m^3，占全省总用水量的61.4%，农田灌溉亩均用水量474.7 m^3，农田灌溉用水所占份额依然最大，因此，节水灌溉仍然是江苏省节水的重点。江苏省的水稻灌溉用水量占灌溉用水总量的90%以上，大力推广和普及水稻节水灌溉技术是江苏省节水灌溉的重中之重。

三、淮北地区灌区现状

近年来，通过加大灌区改造资金投入，江苏省灌区基础设施条件不断改善，农业用水效率不断提高，农业抗旱减灾成效显著，为实现灌区现代化改造提供了基础保障。然而，江苏省大中型灌区数量众多，灌区建设管理水平存在明显差异，部分灌区工程建设标准低，水资源管理粗放、信息化水平低，生态环境问题突出。

淮北地区灌区总体水塘规模小，蓄水、供水能力不足，在开源节流的同时，通过农田、沟道和水塘对雨水资源进行联合调控是解决当地干旱和涝渍、改善生态环境的有效途径。由于长期以来一家一户的种植模式，淮北平原区现有田块面积小，田埂低，部分旱地甚至无田埂，灌溉时跑水现象明显，降雨时无法充分拦蓄雨水；农沟、水塘不能经常清淤，淤积严重，降低了蓄水能力和水位调节能力。田块整治不规范、田间工程不配套，降低了农田系统水源涵养功能，导致水量调蓄能力下降，增加了作物受旱和水肥流失风险。

党的十八大以来，习近平总书记就建设社会主义新农村，提出了新理念、新论断、新举措。“建设美丽乡村”“保留乡村风貌”，真正实现“留得住青山绿水，记得住乡愁”，已经成为新农村建设的共同目标。但部分水利设施的存在，使得不少农村河道在泵闸关闭时期，形成了滞流或缓流的状态，导致整个水体的流动性变差、复氧能力降低、自净能力减弱。城镇化进程的不断推进、区域经济的高速发展、居住人口的日渐集中，又使得乡村区域的污染产生量迅速增加。而原本薄弱的淮北地区灌区环境基础设施、有限的环保治理资金投入，导致乡村区域的污染治理远远无法满足社会主义新农村建设需求。部分乡村区域生活污水和面源污染往往未经处理，就近排入乡村河道中，致使水环境质量明显恶化，河道黑臭现象时有发生。农村水体缓流的状态，又进一步加剧了污染程度，给淮北地区美丽乡村的建设带来了不利影响。各类水污染事故最先被公众感知的就是水中的嗅味(居民称之为奇怪的气味或臭味)。例如 2008 年盐城市化工厂排污污染水源致全城停水事件、2009 年邳州市受上游企业排污导致水砷污染事件、2010 年镇江市不明原因水污染事件等无一不是因为饮水中产生的嗅味首先被感知，进而引起了人们对水中嗅味问题的特别关注。

第二节 灌区现代化建设意义

农业农村现代化建设是现代农业发展的重要内容，是新时代农村发展的新路径。大中型灌区作为农业生产活动最为集中的区域，不仅是农业现代化的基础阵地，也是乡村振兴战略的重要领域。全面推进大中型灌区现代化节水改造，提高灌区工程建设标准和农业节约集约用水水平，打造适应环境需求的现代化生态灌区，是中央和我省对于大中型灌区改造的首要要求，更是推进我省水利现代化建设全局中的重要部分。

(1) 了解淮北地区生态型灌区的建设模式，确定灌区标准化定型建筑物设计方案，研究灌区水资源的合理配置方式，对于贯彻习近平总书记“节水优先”和“推进农业农村现代化”的方针，提升灌区管理水平，实现水资源合理配置，充分发挥水资源的综合效益有重大意义。

(2) 综合水稻节水灌溉和稻田控制排水的研究成果，制定适合淮北地区实际的水稻节水减排、高效灌排制度，提出适合该灌排制度的田间布局模式，进行示范研究，分析其节水减排的资源环境效应，为淮北地区以及江苏省的水稻高效灌排技术的推广应用提供理论与技术支持。对于大型灌区的节水改造、生态灌区建设以及灌区末级渠系改造有较好的示范作用，具有显著的节水、增产和环境效益，在我国水稻灌区具有十分广阔的应用前景。

(3) 江苏省灌区生态健康缺乏有效保障，硬质化沟渠占比较多，农业面源污染问题仍然存在，生态渠道建设方案、水稻控制灌排技术和田-沟-塘湿地生态系统建设方案，对于保护灌区生态健康有重要意义。

(4) 渠道防渗是农田灌溉节水措施中经济合理、技术可行的主要节水措施之一，也是我国目前应用最广泛的工程节水措施。重视渠道防渗输水灌溉节水技术创新，通过采用先进的灌溉技术和高效的灌溉设施，将生态文明融入农田灌溉节约、环保、可持续用水中，是实现“农业水生态系统健康、水环境优美和谐的建设目标”的重要举措。

(5) 针对灌区缓流水体嗅味物质识别与生态防控技术，结合农村水环境的特点，围绕嗅味这一典型性感官性状指标提出美丽乡村建设中水生态环境治理的有效技术和手段，不仅能够有助于改善农村缓流水体的水环境质量，留住青山绿水，对于高度城镇化过程中农村水环境的持续改善，建设农村生态文明，都具有重要的示范意义。

第三节　相关研究进展

一、灌区节水减排理论与技术研究

为了缓解水资源的供需矛盾、稳定水稻的种植面积，我国农业水利科技工作者在总结已有水稻丰产灌溉技术的基础上，进行了大量的水稻灌溉试验，对水稻的水分生理、需水特性、需水规律及水稻自身对水分的适应性和调节作用有了新的认识，并提出了以浅湿调控为主，结合其他农技措施的水稻节水灌溉新技术，即以浅湿、湿润来实现生态节水，以土壤水分指标和肥料运筹来调节和控制水稻的群体质量，形成高产群体，实现生理节水，使节水和增产的幅度有了更大的提高，实现了水稻灌溉由传统的淹水灌溉过渡到干(无水层)、湿(有水层)交替的节水灌溉。各地根据自身的自然气候、水源条件和土壤特性因地制宜地形成了各具特色的水稻节水灌溉技术，具有代表性的有：水稻控制灌溉技术、水稻浅湿调控灌溉技术、水稻非充分灌溉技术、水稻薄露灌溉技术等。

控制排水技术起源于 20 世纪 70 年代欧美一些国家，是在田间地下排水系统的出口设置控制设施，通过控制设施来调节田间的地下水位，达到排水再利用、治理涝渍害、减少排水对承泄区污染的目的。Evans 和 Gilliam 等(1991)研究发现，常年对农田实行控制排水措施可以减少大约 30%的排水量。Ayars 和 Westcot(1997)研究表明，控制排水在干旱年份会抬高地下水位，进而产生对作物进行部分渗灌的效果，使作物增产。Gilliam(1986)等研究表明，控制排水可以减少的硝态氮含量约为常规排水的 20%左右，总氮减少量约为 45%，磷大约可减少 35%。国内对控制排水的研究始于 20 世纪 90 年代后期，主要通过控制稻田渗漏量来研究氮磷流失规律，而对稻田地表控制排水的研究较少。稻田控制排水一方面可以提高农田拦蓄雨水的能力，进而提高雨水利用率，减少农田氮磷流失量，达到节水减排的效果；另一方面可以改变区域径流过程，削减洪峰流量，达到防洪减灾的目的。

随着现代水稻灌排理论的发展和实践的深入，人们已充分认识到将水稻节水灌溉与控制排水相结合，将更有利于提高水稻的水肥生产效率，因此研究水稻节水减排、高效灌排技术显得尤为重要。“十一五”期间，结合我国大型农业灌区节水改造工程关键支撑技术的研究，河海大学对水稻控制排水技术进行了系统研究，提出了水稻控制排水的技术指标，并结合水稻节水灌溉制度，初步提出了以稻田水位作为水稻高效灌排调控指标的技术体系，并进行了局部的示范验证，取得了良好的资源环境效应。

近年来水稻节水灌溉与稻田控制排水相结合的技术备受关注。旱地田块可以通过平整土地、开挖集水沟等措施拦蓄雨水。排水沟道作为灌区水的重要载体，除在降雨或灌溉过程中直接用于农田排水外，还是农田“过剩”氮磷汇入下游受纳水体的第一级运输通道，承担着氮磷的输出。研究表明，灌区的沟渠系统均能对地表径流进行滞缓、拦截、存贮，通过增加地表径流输出的空间距离和时间长度，来达到降低农田“过剩”氮磷向下游受纳水体输出负荷的效果，从而有效减轻农田面污染，改善灌区水土环境。水稻属于沼泽性作物，具有一定的耐淹特性，因而在主汛期通过稻田滞蓄一定深度的水层，既可以提高雨水利用率、节约灌溉水源，又可以调蓄部分涝水、减轻地区洪涝压力。作为人工湿地，稻田在施肥、治虫以及暴雨后田面保持适当水层并持续一定天数，可以达到净化水质的效果。因此将农田、沟道和水塘进行协同调控，既可以提高灌区水资源的利用效率，又可以减少灌区水肥流失，同时还可以减轻区域排涝和防洪压力。

二、生态排水沟截污技术

农业面源污染是一种扩散性污染，具有广泛性、隐蔽性、分散性、随机性、不确定性和不易监测性的特点，因此控制难度较大，主要通过源头控制、过程控制和末端治理进行防治。末端治理难度大，成本高，治标不治本，而在源头控制方面，近年来已取得了不少科研成果。沟道作为上游农田面源污染的汇和下游水体河流、湖泊等中污染物的源，极大地影响着下游河流和湖泊等水体的水质。据 Woltemade 的研究，美国和加拿大有 65%的农田利用沟网排水。因此，合理利用沟道成为减轻农业面源污染的有效途径之一。

生态排水沟是目前国内外在灌区普遍采用的较为实用的水污染修复技术，这项技术是将自然排水沟进行改造，使其在满足农田排涝的前提下，增加沟道植被覆盖量；通过沟道种植的植物吸收吸附作用、动态拦截作用、径流和底泥中的化学转化以及微生物作用等方式有效地去除和拦截来自农田径流的氮、磷等营养元素，从而减少进入河流和湖泊的污染物。目前，大多数学者的研究思路是以自然排水沟为研究对象，研究自然排水沟氮磷的迁移转化规律及自然排水沟对氮磷的拦截去除效果，并在此研究基础上提出了构建生态排水沟的控制措施及其去除效果展望。杨林章等研究表明，生态排水沟对农业非点源污染氮磷削减率达40%以上。翟丽华（2008）等通过静态吸附实验，研究农田土壤及沟道沉积物对氨氮的吸附作用，发现水相氨氮浓度为5～100 mg・L^{-1}时，风干农田土壤、风干沟道沉积物及新鲜沟道沉积物3种吸附剂的吸附等温线均呈良好线性关系，且土壤的吸附能力要大于沟道沉积物，后两者的吸附能力相近；发现氮磷在农田沟道中的迁移转化较快，与河流、湖泊相比，氮磷并未大量累积在沉积物中。汤佳浩通过构建室内模拟实验装置研究了生态排水沟水生植物的阻水效应，研究发现，生态排水沟植物的种植密度对水流的影响要大于植物的叶片形状和植物高度对水流的影响。余红兵等对比分析了生态排水沟中5种不同的水生植物（美人蕉、铜钱草、黑三棱、金鱼藻和灯心草）生物量的变化及其对污水中氮磷的吸收去除效果，结果表明，金鱼藻对生态排水沟污水中氮磷的去除效果最佳，且可以通过植物定期收割对污水氮磷进行长期有效去除。Derver等对比分析了生态排水沟中3种不同水生植物（李氏禾、黄花水龙以及灯芯草）对生态排水沟水中氨氮、硝态氮、磷酸盐的去除，结果表明，黄花水龙对水中氨氮和硝态氮的去除效率最高，而李氏禾对水中磷酸盐的吸收去除能力最强。Pierce等研究了生态排水沟中水生植物假稻对不同径流条件下水中氮磷的拦截去除效果。

根据目前国内外研究动态，我们发现大多数研究针对平原农田沟道，多侧重于面源污染输出或削减单方面的研究，由于研究结果因研究区域及研究沟道系统的不同而有所差异，其削减效能差异也十分显著，进而影响了技术的推广及实施。

三、渠道生态防渗技术

J. Schaack研究了防渗渠道铺设方式，包括混凝土、沥青、砌块、埋覆或暴露的塑性膜、压实土、封闭管道等。A. Ahmed等介绍了一种简单的灌溉渠道结构系统——混凝土砌块及其相应的施工方法。A. K. Rastogi等介绍了使用有限元方法分析渠道渗透的技术经济效果。A. Al-adili等探讨了渠道渗透对蓄水层的影响。V. Ksenofontov，V等详细给出了承压钢筋混凝土防渗渠道结构的布置以及相应的防渗技术比选问题的解决方案。L. Yao等评估了混凝土、卵石、黏土、压实基础 4 种铺设方式的渗漏分析。N. Romano 等介绍了利用电磁感应手段进行防渗渠道输水损失的技术测试，实验结果表明，渠道输水损失与防渗材料性能成正比例关系。E. Akkuzu 等使用 Moritz 和 Davis-Wilson 公式来估计混凝土河道的水渗透损失问题。

日本在 20 世纪 60—70 年代建设的混凝土防渗渠道，由于不同程度地影响灌区生态系统，为恢复和加大灌区生态容量，近 10 年结合灌区生态系统重建，将部分地区的混凝土防渗渠道进行改造，按设计要求进行局部拆除，填充防渗土工膜，再重新做成网格式生态护面，以提高生态容量。

在专利"灌区防渗型生态渠道构建方法"中，依据灌区地形选定合适断面形式开挖渠道，以 U 形断面为例，从下往上逐层铺设无纺布、水泥（占 15%）加砂土混合料、尼龙网、壤土和塑料网；在渠壁和渠底打若干排锚固柳树木桩，木桩有固定塑料网作用；在渠壁种植浮水植物，在渠底种植沉水植物。该渠道能有效解决农业灌溉水在输送过程中大量下渗引起水资源损失的问题，提高水力输送效率；同时在保证渠道抗冲刷不易滑坡的情况下改善渠道硬质化趋势，创造适宜的水生生物生长环境，维持渠道内生态系统完整性，保持一定水体自净能力并增加视觉美感。在生态防渗技术在灌区改造工程建设中的可持续性对比研究中，以渠底土工膜防渗＋干垒块挡墙和渠底土工膜防渗＋混凝土结合联锁块护坡 2 种生态防渗模式作为研究对象，以混凝土防渗和土渠作为对照，从防渗效果、生境变化、施工工艺、投资及管理机制 5 个方面对 4 种渠道进行对比研究，建立渠道综合评价指标体系，通过评价得出渠底土工膜防渗＋干垒块挡墙和渠底土工膜防渗＋混凝土结合联锁块护坡 2 种生态渠道的综合评价指标数值最高，分别为 72.55 和 72.30，其次是混凝土渠道，为 68.20，最低的为土渠，是 61.10。在高邮灌区渠道生态衬砌形式与综合评价研究中，以江苏高邮灌区采用混凝土衬砌渠道生态处理、植生型防渗砌块、原生态植被防护 3 种技术为分析样本，从生物多样性、生态自净能力等方面进行了分析评价。在渠道防渗与生态链的关系研究中，结合吉林省东部山区渠道建设的经验，分析了不同防渗措施对渠道及其周围生态环境的影响，认为选择渠道防渗措施时应注意并充分考虑水、自然和人的和谐。在渠道生态衬砌技术及其应用研究中，针对传统灌区沟渠日益突出的生态环境条件恶化、生物多样性下降等问题，对灌区生态型沟渠空间形态构建、水体自净能力提高和水质改善、适宜生境条件构建等关键技术进行了研究，认为生态衬砌是一种能够弥补传统渠道衬砌的负面影响，改善现有渠道中生态环境，同时也保持传统渠道衬砌防渗优势的工程技术措施。在生态混凝土预制植草砖在灌区渠道护砌工程中的应用研究中，以淮安渠南灌区渠道防护为典型案例，介绍了生态护砌形式、生物通道设置方式、渠道沿线绿化布局，论证了生态预制混凝土护砌结合植物措施，建设生态、环保、安全输水渠道的技术措施，并对草种选择进行了比选：考虑栽种植物与周边环境的协调性、适应性和生态平衡等问题，按照适合气候和气象条件、土壤要求低、抗病虫能力强、适应周边环境、有益于动植物生长、价格低廉、易管理等特点进行选择。常见的草种有狗牙根、马尼拉、香根草、马蹄金等，其中水下可选择香根草作为水生植物，香根草具有极强的生态适应性和抗逆（旱、湿、寒、热、酸、碱等）能力，生长迅速、根系发达、易种易活，是世界银行推荐的草种，其形成密植网后，可拦截 60%的地表径流和 90%的泥沙；水上植物选用当地常见的野生狗牙根，其生命力极强，根系发达、繁殖能力强，具有良好的防堤护砌效果。灌区输水渠道生态环境建设的探索就如何进行渠道生态环境建设做了分析，提出渠堤种植牧草构筑生态小环境的改善措施，为创建生态灌区提供了新思路。灌区渠道（堤岸）生态护坡技术探讨结合江西赣抚平原灌区渠道整治，对生态护坡和生态护岸技术进行了相关试验，试验结果显示生态护坡和生态护岸改善了渠道生态环境，净化了水质，具有良好的生态、经济效益。在生态型灌区理念及构建措施研究中，针对灌区建设受到生态环境约束的新形势，提出了生态灌区建设的新理念，对生态型灌区的概念内涵、构建原则及建设内容等进行了探讨，论证了生态灌区理论研究和实践应用的发展方向。此外，可见的工程案例还有海南陵水在灌区节水改造工程，只对渠道最高水位线以下的断面进行混凝土衬砌，最高水位线以上部分种植人工草皮，既节省了投资，又改善了生态环境。天津水利科学研究院研制开发的环保型绿色植被混凝土，采用无沙大孔隙混凝土，改善孔隙内碱环境，利于植被生长，既加固渠堤，防止水土流失，又绿化美化环境。

农业灌溉渠道不仅承担输水任务，还具有营建绿色走廊、生态通道的功能。从生态角度分析，土质渠床是多种水生植物、水生动物以及两栖动植物繁衍生息的场所，为了输水防渗目的，进行渠坡、渠底混凝土等硬质技术处理，不可避免地会对生物多样性产生不利影响。

国内外已有研究表明，我国防渗渠道建设继续沿袭传统的混凝土防渗方法，再进行生态改造，所需的二次投资将会很大。从这个角度看，推广应用生态防渗渠道建设方法，经济、生态效益将十分巨大。

四、河道嗅味物质防控技术

水体会存在嗅味是由于易挥发物质从水体中挥发出来，与人体的嗅觉和味觉器官产生作用，从而使人产生感觉。使人产生嗅觉的最小物质浓度称为嗅阈值（threshold odor number，TON），它是将气味物质浓度与人体感觉有机结合起来的一个量化指标。导致嗅味产生的挥发物质则称为嗅味物质。

早在 20 世纪 50 年代，国外就开始对水中的嗅味物质进行研究，美国加州大学的 Suffet 教授依据长时间积累的资料，提出了嗅与味分析轮型图(见图 1-1)，将嗅与味的物质及特性与人们的感觉联系起来。在这个图中，嗅味被划分成 3 类 13 种，其中嗅觉异味(odor)8 种，味觉异味(taste)4 种，还有一种是口鼻异感。8 种嗅觉异味分别是土霉味、鱼腥味、氯味和臭氧味、化学品味、药味和酚味、芳香水果蔬菜味、沼泽腐败硫酸味、青草味。

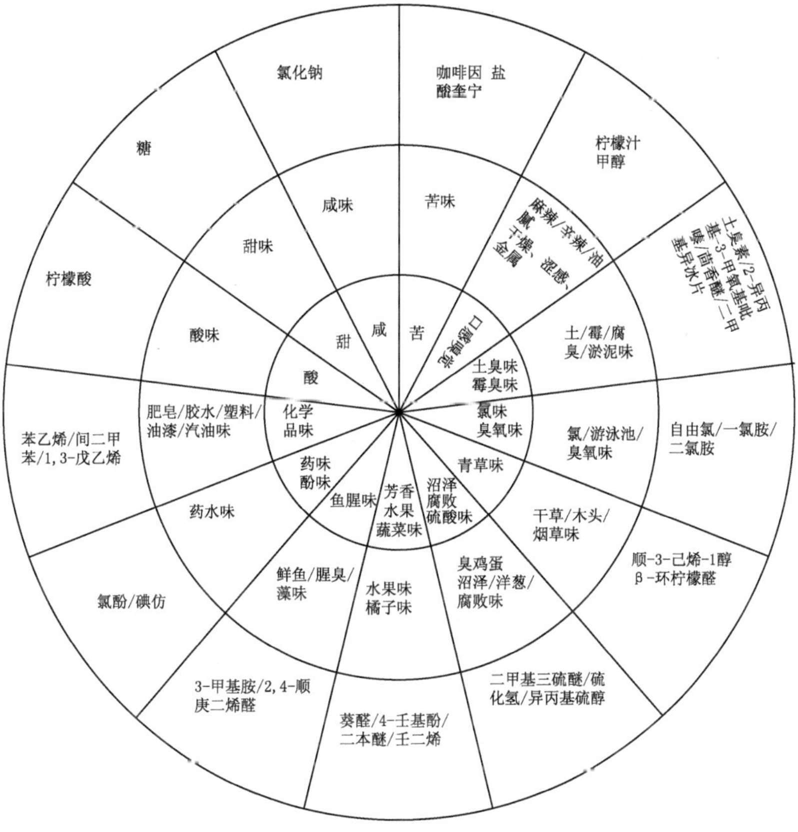

图 1-1 嗅与味分析轮型图

国内对嗅味物质的研究开展较晚，但近年来随着经济发展和人们环保意识的不断提高，嗅味物质带来的环境问题也越来越多的得到关注。在诸多水污染事故中，由于化学品污染物进入水体产生的异嗅异味最易得到关注。例如 2005 年 11 月发生的松花江水污染事故，人们感受到强烈的苦杏仁味，就是由于硝基苯污染产生。此外，环境水体中由藻类引起的土霉味、沼泽味、鱼腥味、草木味和芳香味等嗅味，影响人体感官的现象也常有相关报道。2007 年太湖水污染事故中饮用水恶臭的主要原因就是蓝藻暴发引起 2-甲基异莰醇(2-methylisoborneol，2-MIB)、土臭素(geosmin，GSM)两类嗅味物质大量增加。此外，Wang Rui 等在包头自然水体检测常规嗅味物质，测得 2-MIB 的浓度达到 29～102 ng·L^{-1}，GSM 的浓度达到 20～65 ng·L^{-1}；Sun 等人在黄浦江中也发现 2-MIB 浓度达到 0～97 ng·L^{-1}；赵艳梅对海河和珠江的调查则发现 2-MIB 的浓度分别达到 133 ng·L^{-1}和 182 ng·L^{-1}；均明显高于嗅阈值。在太湖流域平原河网区域，受水体流动性差、污染物质集聚的影响，典型嗅味物质浓度更高。孙丽丽等发现地处杭嘉湖平原的嘉兴，缓流水体中的嗅味物质浓度随季节变化明显，夏季浓度最高，水样中 2-MIB 夏季最高浓度甚至达到 250 ng·L^{-1}以上，二甲基三硫醚的最高浓度为 80 ng·L^{-1}。张建芳的研究也获得了类似的发现，夏季太湖原水中二甲基三硫醚的浓度达到 510 ng·L^{-1}。

由于嗅味物质较小的相对分子质量、较低的浓度等性质，去除水体中该物质的方法一般有物理吸附、氧化去除、微生物分解等。

吸附法去除嗅味物质是目前水处理中应用最普遍的工艺之一。由于活性炭对极性相对较小的嗅味物质如 2-MIB、GSM、2-甲氧基-3-异丙基吡嗪(IPMP)、2-甲氧基-3-异丁基吡嗪(IBMP)以及二甲基三硫醚等的吸附效果较好，且使用较为便利，因此被广泛应用于阶段性嗅味事件中。杨茜等利用不同粒径粉末活性炭(PAC)吸附嗅味物质研究发现，随着 PAC 粒度的减小，即随着 PAC 比表面积的增大，PAC 对 2-MIB 和 GSM 的吸附量增大，且原水中的有机物及部分无机物均会造成活性炭吸附容量的降低，这可能是由于原水中的有机物与嗅味物质存在竞争吸附，而原水中的某些无机离子会影响嗅味物质分子的电离平衡等；Chen 等人亦发现水中天然有机物(NOM)及溶解性疏水有机物会与水中嗅味物质 2-MIB 产生竞争吸附现象，且相对分子质量<500 的 NOM 对 PAC 吸附水中 2-MIB 的影响最大。

氧化去除是指向水体中加入氧化剂，借助氧化剂的氧化能力对嗅味物质进行分解以达到去除的目的。通常用来去除嗅味物质的氧化剂有高锰酸钾、臭氧(O_3)、二氧化氯、氯、自由基等。不同的氧化剂其去除效果有所区别。李勇等人就高锰酸钾、臭氧、二氧化氯、氯 4 种氧化剂对腐败味物质乙硫醇的去除效果进行了对比。可以看出，对相近浓度的乙硫醇，不同的氧化剂对其去除速率和去除能力有所不同。二氧化氯和臭氧的去除效果比高锰酸钾和氯要好，二氧化氯和臭氧能在 30 min 内迅速降低乙硫醇的浓度，而高锰酸钾和氯需要 1 h 以上。氧化剂对不同的嗅味物质的去除效果也不一样。高锰酸钾对 β-环柠檬醛的去除率可达 90%，对 2-MIB 的去除率却只能在 10%～21%。对于带有氧、硫或者不饱和键的嗅味物质如 β-环柠檬醛、乙硫醇等，氧化剂的去除效果要明显高于那些碳键饱和的化合物如 2-MIB、GSM 等。李学艳等研究了 O_3/H_2O_2 工艺对水中 2-MIB 的去除效能，结果发现 H_2O_2 能明显促进 O_3 对 2-MIB 的氧化效果，相同 O_3 氧化条件下，加入 H_2O_2 能使 2-MIB 的去除率从 38.7%增加至 89.2%，两者的最佳投加摩尔比为 0.6 左右。李林等对 2-MIB、β-环柠檬醛和 β-紫罗兰酮在紫外光和太阳光下的光降解与光催化降解效果进行了研究，结果发现，单波紫外光及太阳光均能有效降解纯水中的 β-环柠檬醛和 β-紫罗兰酮，而 2-MIB 不能得到有效降解。

生物法主要采用生物降解原理，利用微生物的氧化、还原、合成等生命活动过程将致嗅物质降解甚至矿化，实现对嗅味的控制。水体中的嗅味物质具有相对较长的动态平衡过程，除挥发和生物富集外，微生物对其分解或利用清除是主要去除方式。微生物具有丰富的多样性，且其体积小、比表面积大，能够不断从周围环境中摄取营养物质，通过一系列的生理生化反应，获得赖以生长的能量。陈克云从水厂炭滤池上分离到了能够以 2-MIB 为唯一碳源的 3 株细菌，经 16S rRNA 系统进化分析，鉴定结果表明 3 株细菌分别为假单胞菌、鞘氨醇单胞菌以及金黄杆菌，其降解性能评价结果显示，2-MIB 浓度在 200 $ng \cdot L^{-1}$ 水平以下时，3 株菌均能在 4 d 内使 2-MIB 含量下降到嗅味阈值浓度。可以说，生物预处理技术去除饮用水中嗅味，即利用多种特异微生物的生理代谢等协同作用去除嗅味物质可能是目前较为经济有效的解决方案，但分离培养驯化这类菌种及创造适宜其生存的环境依然有巨大改进空间。

第二章　灌区节水减排技术标准

我国南方水稻种植区水肥资源利用率不高、农田面源污染物排放量大面广、水环境污染突出。而节水减排技术能够实现稻田节水、减排、增产，对于水稻灌区农业面源污染生态治理、排水重复利用及对污染物的净化利用具有重要意义。基于此，本章以淮北地区运南灌区为例，介绍了灌区节水减排技术标准。主要内容为：(1)基于节水减排的稻田高效灌排技术指标；(2)淮北地区田间工程建设标准；(3)灌区雨洪资源利用的适宜水面率。

第一节　基于节水减排的稻田高效灌排技术指标

水稻控制灌排技术利用了水稻对于旱涝胁迫的双重适应性，在保持较低灌水下限的同时，提高雨后蓄水上限，具有良好的节水减排效果。轻度干旱胁迫在一定程度上能够降低稻田氮素的渗漏淋溶作用，提高水稻水肥利用率，提升稻米质量，从而实现高产稳产；在保持较低灌水下限的同时，适当增加雨后蓄水上限，充分利用天然降水，提高降雨利用率，减少灌排水频率，降低氮磷流失负荷，减轻防洪除涝压力。为探究稻田高效灌排技术指标，在运南灌区开展了常规灌排模式和控制灌排模式试验研究，确定了稻田控制灌排条件下稻田的排水量指标、稻田排水中氮磷负荷指标和水稻的产量指标。

一、稻田排水量指标

（一）暴雨期灌排水量指标

采用不同灌排模式的农沟排水量在暴雨期有显著变化。根据宿城区水务局气象观测资料，2012 年运南灌区发生了 4 次暴雨级降雨，分别于 7 月 24 日、8 月 15 日、9 月 3 日、9 月 17 日发生，降雨量分别为 102.6 mm、169.1 mm、74.2 mm、59.5 mm。在不同灌排模式下，运南灌区暴雨期排水量如表 2-1 所示。暴雨期控制灌排模式农沟排水量比常规灌排模式减少了 43.64%，暴雨利用率提高了 20.57%，控制灌排模式显著降低了暴雨期地表排水总量，提高了暴雨的利用率。

表 2-1　不同灌排模式下暴雨期排水量(2012 年)

灌排模式	全期灌水量/mm	暴雨量/mm	农沟排水量/mm	暴雨利用率/%
常规灌排模式	624.50	405.40	191.10	52.86
控制灌排模式	507.60	405.40	107.70	73.43
增(减)幅度/%	−18.72		−43.64	20.57

(二) 全生育期灌排水量指标

2012 年和 2013 年不同灌排模式下水稻全生育期灌排水量如表 2-2 所示。与常规灌排模式相比，控制灌排模式在全生育期内，灌水量分别降低了18.72%和 21.02%，农沟排水量分别减少 53.80%和 71.50%，雨水利用率分别提高了21.25%和 18.93%，控制灌排模式实现了雨水利用率的提高、灌溉用水量的减少。

表 2-2　不同灌排模式下水稻全生育期灌排水量

灌排模式	灌水量/mm		降雨量/mm		农沟排水量/mm		雨水利用率/%	
	2012 年	2013 年	2012 年	2013 年	2012 年	2013 年	2012 年	2013 年
常规灌排模式	624.5	766.0	679.8	398.8	268.6	105.6	60.49	73.52
控制灌排模式	507.6	605.0	679.8	398.8	124.1	30.1	81.74	92.45
增(减)幅度/%	−18.72	−21.02			−53.80	−71.50	21.25	18.93

注:农沟排水量为降雨期间的排水量。

二、稻田排水中氮磷负荷指标

(一) 暴雨期稻田排水中氮浓度的变化

由于 2013 年、2014 年、2015 年水稻生育期发生暴雨级降雨次数少且暴雨强度较小，2012 年第 2 次暴雨(8 月 15 日)的降雨量最大(169.1 mm)，故选择此次暴雨后排水中氮素浓度进行分析。

1. 稻田排水中 NH_4^+-N 质量浓度变化

暴雨期不同灌排模式稻田排水中 NH_4^+-N 质量浓度变化见图 2-1。

由于稻田长期处于湿润状态，大多数氮肥在土壤中以 NH_4^+-N 的形式存在，在雨滴击溅的作用下，稻田地表水中悬浮物增多，从而促进了 NH_4^+-N 的溶解，并随稻田地表排水流失。控制灌排模式(控制排水)允许蓄水深度大，悬浮物浓度相对较低，前期地表排水中 NH_4^+-N 质量浓度稍低于常规灌排。由暴雨

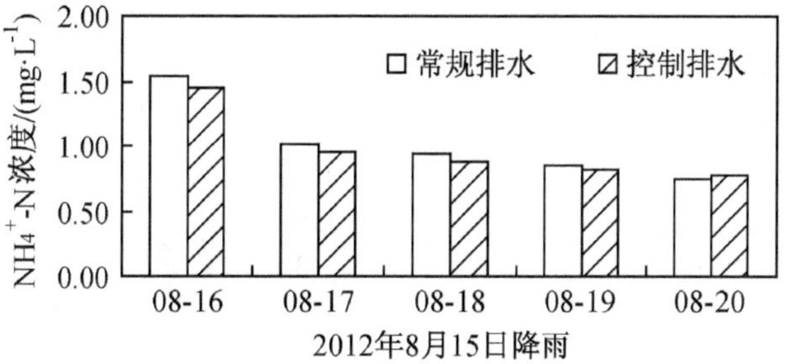

图 2-1　第 2 次暴雨(8 月 15 日)后稻田排水中 NH_4^+-N 质量浓度变化

后水体中 NH_4^+-N 质量浓度变化特征可知，稻田排水中 NH_4^+-N 的平均质量浓度表现为常规灌排模式＞控制灌排模式，说明控制灌排模式减少田面地表排水，经过稻田调蓄排水后，能够有效降低排水的 NH_4^+-N 质量浓度。

2. 稻田排水中 NO_3^--N 质量浓度变化

暴雨期不同灌排模式稻田排水中 NO_3^--N 质量浓度变化见图 2-2。

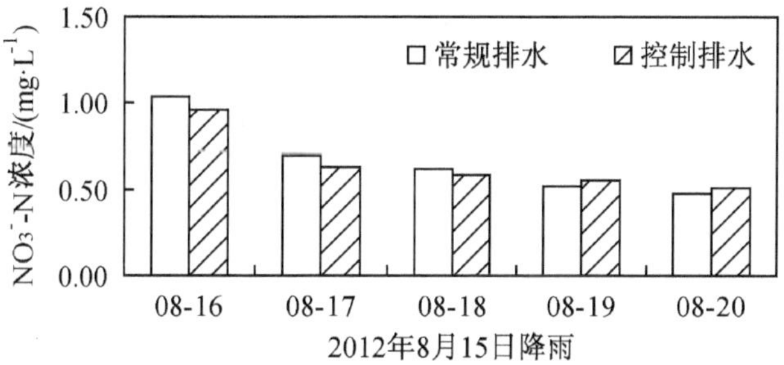

图 2-2　第 2 次暴雨(8 月 15 日)后稻田排水中 NO_3^--N 质量浓度变化

暴雨会扰动田面土层，导致 NO_3^--N 随排水流失，而控制灌排模式允许蓄水深度大，悬浮物浓度相对较低，前期地表排水中 NO_3^--N 质量浓度低于常规灌排模式。暴雨后稻田排水中 NO_3^--N 的平均质量浓度表现为常规灌排模式＞控制灌排模式，说明控制灌排模式可以有效降低排水中的 NO_3^--N 质量浓度。

3. 稻田排水中总氮(TN)质量浓度变化

暴雨后不同灌排模式稻田排水中 TN 质量浓度变化见图 2-3。

暴雨雨滴击溅侵蚀稻田表层，稻田地表水中悬浮物增多，土壤颗粒和土壤团聚体结合的氮素随排水流失，而控制灌排模式允许蓄水深度大，悬浮物浓度相对较低，因此 TN 质量浓度稍低于常规灌排模式。暴雨后的稻田排水中 TN 的平均质量浓度表现为常规灌排模式＞控制灌排模式，说明控制灌排模式可以有效降低排水中的 TN 质量浓度。

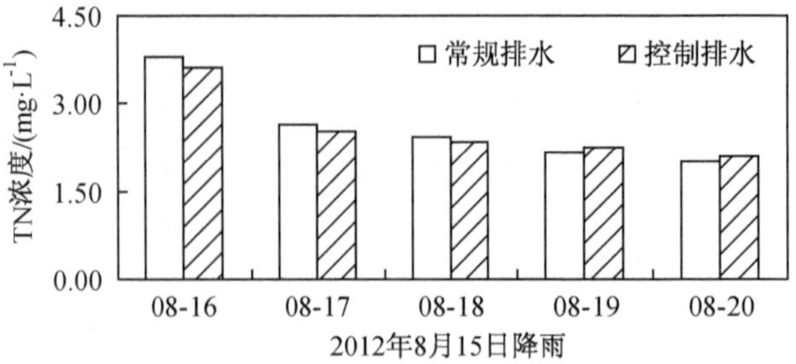

图 2-3　第 2 次暴雨(8 月 15 日)后稻田排水中 TN 质量浓度变化

（二）稻田排水中总磷(TP)浓度的变化

选择 2012 年第 2 次暴雨后排水中 TP 浓度进行分析。暴雨后不同灌排模式稻田排水中 TP 质量浓度变化见图 2-4。

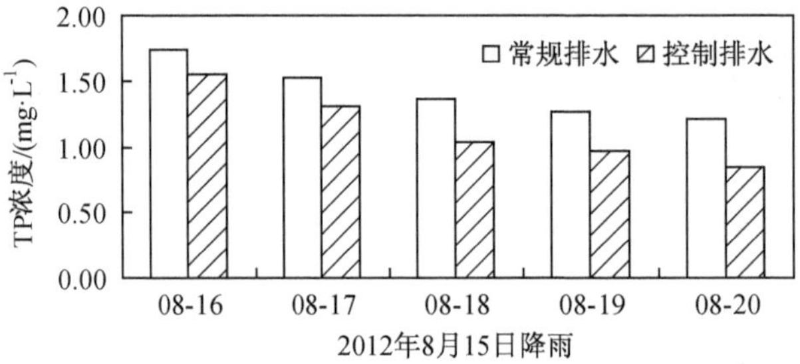

图 2-4　第 2 次暴雨(8 月 15 日)后稻田排水中 TP 质量浓度变化

磷肥施入土壤后只有小部分呈离子态的磷酸盐能被作物吸收，大部分被土壤吸持转化为难溶性磷酸盐类，在降雨的冲刷、击溅作用下以颗粒态磷随地表水排出。控制灌排模式允许蓄水深度大，悬浮物浓度相对较低，导致前期地表排水中磷质量浓度低于常规灌排模式。暴雨后稻田排水中 TP 的平均质量浓度表现为常规灌排模式＞控制灌排模式，说明控制灌排模式可以有效降低排水中的 TP 质量浓度。

宿迁市以及江苏省的稻作区，磷肥一般作为基肥一次性施用，因此，水稻生长前期，若遇到暴雨或者过量灌溉发生排水会造成大量的磷素损失。

图 2-5 为第 1、3、4 次暴雨后稻田排水中 N、P 质量浓度变化，可以看出，无论是常规灌排模式还是控制灌排模式，暴雨后农沟水体中的 NH_4^+-N 浓度均呈下降趋势，每次暴雨后初始排水水体中的 NH_4^+-N 浓度总是常规灌排模式高于控制灌排模式。到排水后期，控制灌排模式排水沟水体中的 NH_4^+-N 浓度始终低于常规灌排模式。从 3 次暴雨排水 NH_4^+-N 浓度的变化过程可以看出，水体中 NH_4^+-N 浓度在雨后第 4 天基本稳定并处于较低的数值。

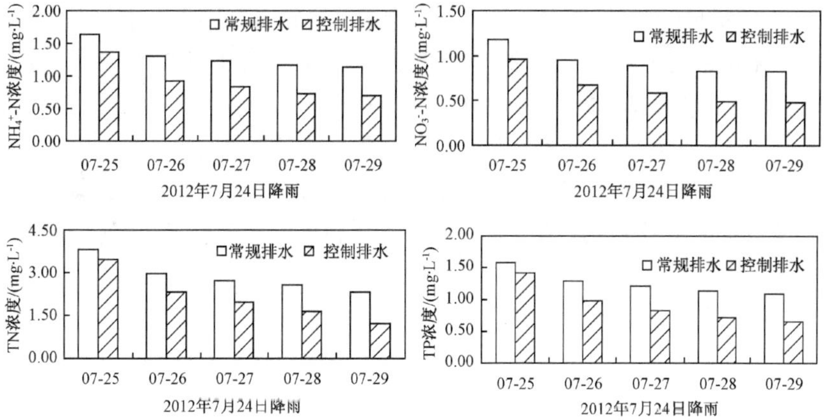

第 1 次降雨：2012 年 7 月 24 日降雨

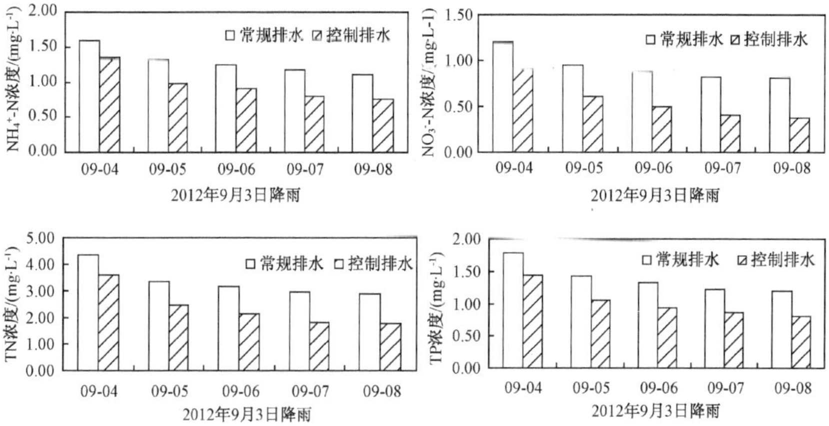

第 3 次降雨：2012 年 9 月 3 日降雨

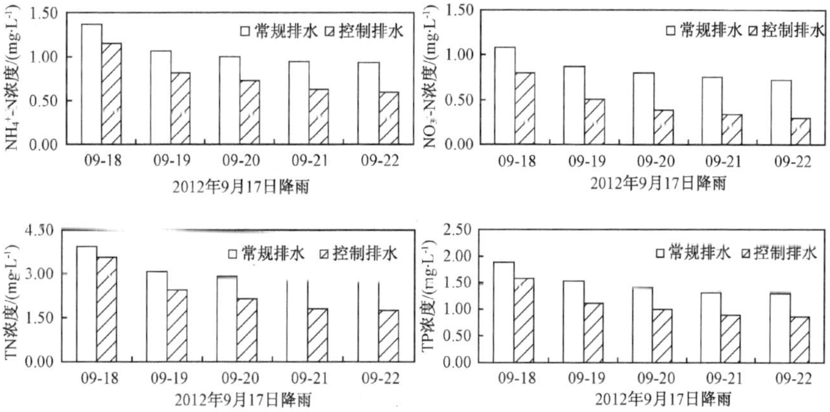

第 4 次降雨：2012 年 9 月 3 日降雨

图 2-5　第 1、3、4 次暴雨后稻田排水中 N、P 质量浓度变化

两种灌排模式暴雨后排水中的 NO_3^--N 浓度呈现下降趋势，水体中 NO_3^--N 浓度总是常规灌排高于控制灌排。由于雨后稻田内水层深度控制灌排模式大于常规灌排模式，而浑浊度控制灌排模式小于常规灌排模式，因此稻田水体中 NO_3^--N 浓度控制灌排模式小于常规灌排模式，所以排水沟水体中的 NO_3^--N 浓度控制灌排模式小于常规灌排模式。从 4 次暴雨排水沟水体 NO_3^--N 浓度的变化过程可以看出，排水沟水体 NO_3^--N 浓度在雨后第 4 d 基本稳定。

由 3 次暴雨后不同灌排模式稻田排水中 TN 质量浓度变化可以看出，第 1 d 排水沟水样中 TN 质量浓度较高，而后 TN 质量浓度大大降低。降雨后第 2～4 d，TN 质量浓度均呈下降的趋势，与第 2 次降雨控制模式 TN 质量浓度后期回升至高于常规模式不同，表现为控制模式排水 TN 质量浓度始终呈下降趋势并低于常规模式。从 TN 变化过程可以看出，两种模式 TN 浓度在雨后第 4 d 基本稳定。

暴雨后排水中 TP 的质量浓度在雨后第 1 d 最高，后 3 次采样的质量浓度明显要小于初次排水。控制灌排模式允许蓄水深度大，悬浮物浓度相对较低，进而导致前期地表排水中磷质量浓度稍低于常规模式。降雨后第 2～4 d，TP 质量浓度均呈下降的趋势，表现为控制模式浓度低于常规模式，并在降雨第 4、5 d TP 质量浓度趋于稳定。

暴雨后稻田排水中 NH_4^+-N、NO_3^--N、TN、TP 质量浓度表现为常规灌排模式＞控制灌排模式，说明控制灌排模式可以有效降低排水中的 NH_4^+-N、NO_3^--N、TN、TP 的质量浓度。稻田排水中 NH_4^+-N、NO_3^--N、TN、TP 质量浓度在降雨初期较高，应避免雨后立即排水。

（三）控制灌排稻田氮磷负荷削减量分析

不同灌排模式稻田排水中氮磷负荷变化计算公式如下：

$$L = \left(\sum_{i=1}^{n} C_{di} Q_{di}\right) \times 10^{-2} \tag{2-1}$$

式中：L 为不同灌排模式下稻田氮磷指标排放负荷，$kg \cdot hm^{-2}$；C_{di} 为不同灌排模式下试验区水稻每日排水氮磷质量浓度，$mg \cdot L^{-1}$；Q_{di} 为不同灌排模式下试验区水稻每日排水量，mm；i 和 n 为水稻排水次序号和排水天数(d)，本 n 取为 5 d。

8 月 15 日暴雨后控制灌排模式稻田 NH_4^+-N、NO_3^--N、TN 累积流失量分别为 0.84 $kg \cdot hm^{-2}$、0.56 $kg \cdot hm^{-2}$ 和 2.20 $kg \cdot hm^{-2}$，分别比常规灌排模式减少 48.15%、49.09%和 45.54%，减排效果明显(见表 2-3)。控制灌排模式 NH_4^+-N、NO_3^--N 和 TN 质量浓度整体较常规灌排模式低，表明控制灌排模式

是通过控制排水量和浓度双重途径来减少氮素流失总量。在暴雨发生初期，稻田排水量和氮素质量浓度状况决定稻田氮素流失情况，而此时控制灌排模式控制了暴雨初期稻田的排水量，降低稻田氮素质量浓度，显著减少了氮素的流失总量。

控制灌排模式稻田 TP 流失总量为 0.85 kg・hm^{-2}，较常规灌排模式减少 49.10%，减排效果明显。控制灌排模式控制了暴雨后磷素高质量浓度时期的排水量，有效减少了磷素的流失。此外，控制闸门降低了出水流速，使水流携带能力减弱，减少了颗粒态磷素的流失。

表 2-3　不同灌排模式下稻田排水中氮磷负荷变化(169.1 mm 降雨)

灌排模式	农沟排水量/mm	NH_4^+-N 流失负荷/(kg・hm^{-2})	NO_3^--N 流失负荷/(kg・hm^{-2})	TN 流失负荷/(kg・hm^{-2})	TP 流失负荷/(kg・hm^{-2})
常规灌排模式	84.7	1.62	1.10	4.04	1.67
控制灌排模式	38.2	0.84	0.56	2.20	0.85
增(减)幅度/%	−54.90	−48.15	−49.09	−45.54	−49.10

全生育期常规灌排模式与控制灌排模式稻田排水及氮磷负荷流失量见表 2-4。全生育期控制灌排模式稻田 NH_4^+-N、NO_3^--N、TN、TP 累积流失量分别为 2.48 kg・hm^{-2}、1.56 kg・hm^{-2}、7.02 kg・hm^{-2}和 2.58 kg・hm^{-2}，分别比常规灌排模式减少 50.20%、52.73%、44.06%和 48.19%，减排效果明显。

表 2-4　全生育期常规灌排模式与控制灌排模式稻田排水量及 N、P 负荷流失量

灌排模式	农沟排水量/mm	NH_4^+-N 流失负荷/(kg・hm^{-2})	NO_3^--N 流失负荷/(kg・hm^{-2})	TN 流失负荷/(kg・hm^{-2})	TP 流失负荷/(kg・hm^{-2})
常规模式	268.60	4.98	3.30	12.55	4.98
控制模式	124.10	2.48	1.56	7.02	2.58
增(减)幅度/%	−53.8	−50.20	−52.73	−44.06	−48.19

地表排水及地下排水的增加主要来自各次降雨，而 NH_4^+-N、NO_3^--N、TN、TP 随排水流失，同时具有次降雨量越大，减排量越大的特点。各次降雨后采用控制灌排模式，能够有效地减少排水量，增加雨水利用效率，减少 N、P 流失。

(四) DRAINMOD-N Ⅱ模型对排水量、硝氮及氨氮流失模拟

1. DRAINMOD-N Ⅱ模型介绍

田间水文不仅受到气候、土壤和作物等因素的影响，还与田间水管理措施密

切相关，正确描述田间水文的变化过程十分复杂。单纯进行田间试验往往受到时间、地点、人力、财力等客观因素的制约，不可能对所有或大部分方案进行检验。因此，具有系统模拟或仿真能力的计算机模型就成为研究这类复杂过程一个不可缺少且理想的工具。在模拟农田排水和氮素方面，国际上应用最广的计算机模型是由美国北卡罗来纳州立大学生物及农业工程系 Skaggs 博士于 20 世纪 70 年代末开发的 DRAINMOD 模型。1994 年 Breve 等在 DRAINMOD 排水模型基础上开发了 DRAINMOD-N 氮素运移模型，2003 年 Mohamed A. Youssef 等对 DRAINMOD-N 中氮素模块进行了改进，得到 DRAINMOD-NⅡ模型，该模型在许多国家和地区进行了测试和应用，预测准确，优点显著。

DRAINMOD 模型为准二维模型，假定非饱和区为一维垂向土壤水运动，饱和区为二维垂向和侧向土壤水运动（见图 2-6）。模型分别进行田间和地下（包括土壤水）的水量平衡计算。

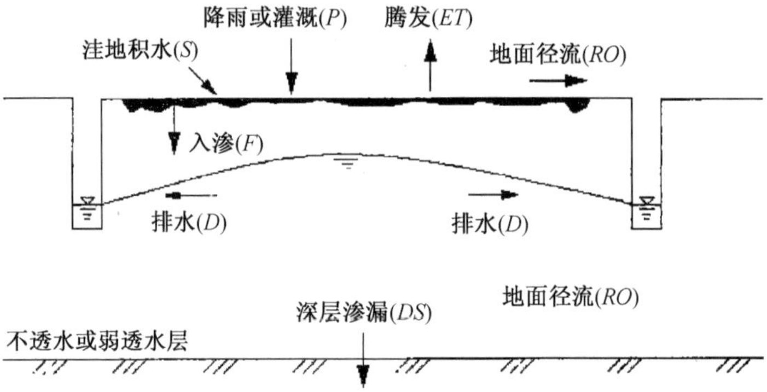

图 2-6 DRAINMOD 模型田面和土壤中水平衡要素图

在 Δt 时段内，地表水平衡方程可表达为：

$$\Delta S = P - F - RO \tag{2-2}$$

式中：ΔS 为地表的贮水变化量，cm；P 为降雨量，cm；F 为入渗量，cm；RO 为地表径流量，cm。

在同时段，土壤内部（从地表到不透水层）的水量平衡方程为：

$$\Delta V = F - D - ET - DS \tag{2-3}$$

式中：ΔV 为土壤中的水量变化，cm；D 为侧向的排水量，cm；ET 为腾发量，cm；DS 为深层渗漏量，cm。

DRAINMOD-NⅡ模型在 DRAINMOD 基础上引入氮素循环模块（见图 2-7）、碳素循环模块和有机物模块（见图 2-8），将水均衡结果作为氮素运移的输入，采用多相一维对流弥散方程对氮素的运移建模，用一阶有限差分法近似求解方程，进而模拟氮素在土体单元中的运移过程。

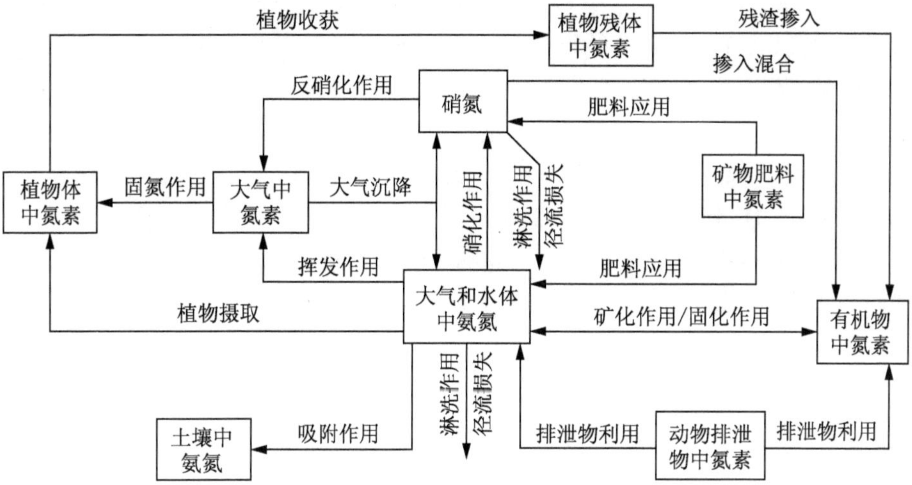

图 2-7　DRAINMOD-N Ⅱ中 N 素循环

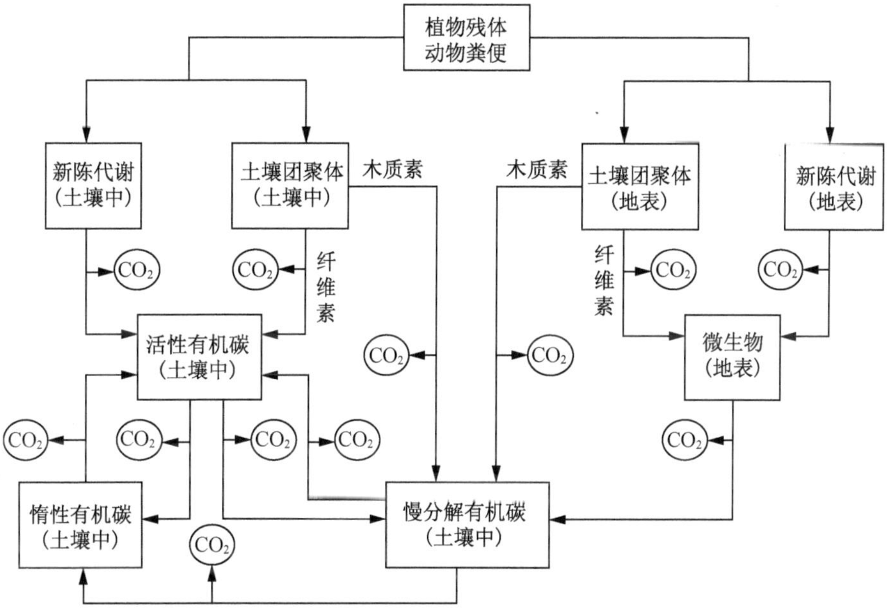

图 2-8　DRAINMOD-N Ⅱ中 C 素循环有机物转化

多相一维对流弥散方程表达式为：

$$\frac{\partial}{\partial_t}(\theta_a C_a + \theta_g C_g + \rho_b C_s) = \frac{\partial}{\partial_z}\left(\theta_a D_a \frac{\partial C_a}{\partial_z} + \theta_g d_g \frac{\partial C_g}{\partial_z}\right) - \frac{\partial(\nu_a C_a)}{\partial_z} + S \tag{2-4}$$

式中：θ_a 和 θ_g 分别为土壤液相和气相体积分数，$L^3 \cdot L^{-3}$；C_a、C_g 分别为某种形式氮素液相、气相的浓度，$M \cdot L^{-3}$；C_s 为某种形式氮素的固相浓度，$M \cdot M^{-1}$；ρ_b 为土壤固相干容重，$M \cdot L^{-3}$；D_a 为水动力扩散系数，$L^2 \cdot T^{-1}$；d_g 为分子扩散系数，$L^2 \cdot T^{-1}$；ν_a 为液相的体积通量，$L \cdot T^{-1}$；S 为源汇项，$M \cdot L^{-3} \cdot T^{-1}$；$S=S_{dep}+S_{fer}+S_{mnl}-S_{upt}-S_{rnf}-S_{den}$，$S_{dep}$ 为大气沉降，S_{fer} 为肥料溶解，S_{mnl} 为净矿化，S_{upt} 为植物吸收，S_{rnf} 为地表径流损失，S_{den} 为反硝化作用。

DRAINMOD-NⅡ中氮素循环模块详尽地描述了氮素循环过程，其中氮素的转变过程（硝化、反硝化作用和尿素水解）遵循 Michaelis-Menten 模型，硝化反应描述为式(2-5)，反硝化反应描述为式(2-6)。

$$S_{nit} = f_e f_{inh} V_{\max,nit}\left(\frac{C_{NH4}}{K_{m,nit}+C_{NH_4}}\right)\left(\frac{\rho_b}{\theta_a}\right) \tag{2-5}$$

式中：S_{nit} 为硝化反应速率，$M \cdot L^{-3} \cdot T^{-1}$；$f_e$ 为环境因子的无量纲响应函数；f_{inh} 为硝化抑制因子的无量纲响应函数；$V_{\max,nit}$ 为硝化反应的最大速率，$M \cdot M^{-1} \cdot T^{-1}$；$K_{m,nit}$ 为半饱和常数，$M \cdot M^{-3}$；C_{NH_4} 为底物（铵）浓度，$M \cdot L^{-3}$。

$$S_{den} = f_e V_{\max,den}\left(\frac{C_{NO_3}}{K_{m,NO_3}+C_{NO_3}}\right)\left(\frac{C_c}{K_{m,c}+C_c}\right)\left(\frac{\rho_b}{\theta_a}\right) \tag{2-6}$$

式中：S_{den} 为反硝化反应速率，$M \cdot L^{-3} \cdot T^{-1}$；$V_{\max,den}$ 为反硝化反应的最大速率，$M \cdot M^{-1} \cdot T^{-1}$；$C_{NO_3}$ 为硝氮浓度，$M \cdot L^{-3}$；C_c 为碳基质浓度，$M \cdot L^{-3}$；K_{m,NO_3} 为硝氮半饱和常数，$M \cdot M^{-3}$；$K_{m,c}$ 为碳基质半饱和常数，$M \cdot M^{-3}$。

DRAINMOD-NⅡ的碳素循环模块和有机物模块中碳素循环采用 CENTURY 模型，参数包含有机碳含量、潜在分解速率和 C/N 比率等指标。

2. DRAINMOD-NⅡ模型初始输入资料

模型的主要输入参数包括试验区的气象资料（日最高、最低气温，逐时或逐日降雨量）、土壤参数（土壤水分特性曲线、垂向和侧向饱和导水率、不透水层深度、凋萎点含水量、容重、土壤有机质含量等）、水力设计参数（排水沟深度、间距等）、作物资料（种植及收获日期、阶段根系深度等）、氮素运移参数（农田施肥情况、氮素转化参数等）、有机质相关参数（土壤有机质增加的途径及有机质类型等）。模型初始参数见表 2-5 至表 2-9。

表 2-5　试验区土壤主要资料

参数	不同土层深度选取值			备注
	0～20 cm	20～50 cm	50～300 cm	
土壤饱和含水量 θ_s	0.321	0.294	0.243	试验区实测得出
土壤残余含水量 θ_r	0.012	0.010	0.009	试验区实测得出
α	0.007	0.007	0.006	相关文献得到
n	1.685	1.396	1.611	相关文献得到
m	0.43	0.267	0.419	相关文献得到
侧向饱和导水率/($cm\cdot h^{-1}$)	1.45	0.54	0.33	试验区实测得出
垂向饱和导水率/($cm\cdot h^{-1}$)	4.2	2.5	2.1	试验区实测得出
砂粒/%	75.3	74.9	75.2	试验区实测得出
粉粒/%	15.3	15.9	15.5	试验区实测得出
黏粒/%	9.4	9.2	9.3	试验区实测得出

注：α、m、n 为土壤水分特征曲线计算公式 $\theta=\theta_r+(\theta_s-\theta_r)/(1+|\alpha h|^n)^m$（van Genuchten 模型）的统计参数，其中 $h<0$，$m=1-1/n$。

表 2-6　降雨前各层土壤含水率及地下水埋深

土层深度/cm	常规模式				控制模式			
	各层土壤含水量			降雨前地下水埋深/cm	各层土壤含水量			降雨前地下水埋深/cm
	0～20	20～50	50～300		0～20	20～50	50～300	
降雨 1	0.297	0.294	0.243	2.13	0.211	0.293	0.243	20.69
降雨 2	0.296	0.294	0.243	1.94	0.214	0.294	0.243	19.57
降雨 3	0.296	0.294	0.243	1.98	0.226	0.294	0.243	19.86
降雨 4	0.295	0.294	0.243	1.67	0.231	0.294	0.243	17.21

注：表中降雨 1、降雨 2、降雨 3、降雨 4 分别对应 2012 年 7 月 24 日、8 月 15 日、9 月 3 日、9 月 17 日共发生 4 次暴雨级别的降雨。

表 2-7　DRAINMOD-NⅡ排水设计及作物参数

排水设计参数		作物参数	
		日期	水稻根系深度/cm
排水间距/cm	1 500	7.3—7.28	15
排水深度/cm	80	7.29—8.20	25

续　表

排水设计参数		作物参数	
		日期	水稻根系深度/cm
不透水层深度/cm	550	8.21—9.1	30
排水系数/$(cm \cdot d^{-1})$	2.0	9.2—9.20	30
农沟底宽/cm	60		
农沟边坡系数	1.0		

表 2-8-1　DRAINMOD-N Ⅱ中氮素运移及转化初始输入参数

输入参数	取值		备注
	硝化作用	反硝化作用	
$V_{max}/(\mu g \cdot ng^{-1} \cdot d^{-1}$ soil)	8.0	2.0	相关文献得到
$K_m/(\mu g \cdot ng^{-1}$ soil)	10.0	40.0	相关文献得到
土壤最优温度/℃	20.0	25.0	相关文献得到
最优土壤湿度(WFPS)	0.5～0.6	—	相关文献得到
土壤湿度阈值	—	0.85	相关文献得到
土壤 pH	7.02	7.02	试验实测得出
纵向弥散度/cm	15		相关文献得到
曲率	0.5		相关文献得到
允许误差上限	0.000 1		模拟预试验确定
最小时间步长/d	0.001～0.005		模拟预试验确定

表 2-8-2　DRAINMOD-N Ⅱ中氮素运移及转化初始输入参数

土层深度	0～20 cm		20～50 cm		50～300 cm		降雨中氨氮浓度/$(mg \cdot L^{-1})$	降雨中硝氮浓度/$(mg \cdot L^{-1})$
降雨	土壤初始硝氮浓度/$(mg \cdot kg^{-1})$	土壤初始氨氮浓度/$(mg \cdot kg^{-1})$	土壤初始硝氮浓度/$(mg \cdot kg^{-1})$	土壤初始氨氮浓度/$(mg \cdot kg^{-1})$	土壤初始硝氮浓度/$(mg \cdot kg^{-1})$	土壤初始氨氮浓度/$(mg \cdot kg^{-1})$		
第 1 次	38.67	8.91	28.67	4.69	10.71	0.93	0.24	0.18
第 2 次	29.34	3.86	26.31	2.37	10.56	0.86	0.21	0.16
第 3 次	25.31	2.40	22.46	1.96	10.34	0.79	0.26	0.17
第 4 次	24.98	2.60	19.86	2.34	9.98	0.91	0.20	0.19

注:降雨 1、降雨 2、降雨 3、降雨 4 分别对应 2012 年 7 月 24 日、8 月 15 日、9 月 3 日、9 月 17 日共发生 4 次暴雨级别的降雨。

表 2-9 DRAINMOD-N Ⅱ中有机质初始输入参数

土壤有机质新增途径	分解速率/d^{-1}	C∶N比率	土壤有机碳组分	分解速率/d^{-1}	最小C∶N比率	最大C∶N比率	初始C∶N比率	初始土壤各类型有机质含量/%
地表微生物引起	0.016 538	10	活性土壤有机碳	0.020 000	8	20	15	2.0
地表土壤结构引起	0.010 672	150	慢分解土壤有机碳	0.000 546	12	20	16	32.0
地表新陈代谢引起	0.040 511	15	惰性土壤有机碳	0.000 013	7	10	10	66.0
地下土壤结构引起	0.013 425	150						
地下新陈代谢引起	0.050 685	15						

3. DRAINMOD-N Ⅱ模型模拟效果的评价参数

模拟效果的评价参数采用相对误差 *RE*(Relative Error)、皮尔逊积差相关系数 *R*(Pearson Product-Moment Correlation Coefficient)及 *NSE* 效率系数(Nash-Sutcliffe efficiency Coefficient),其中 *RE* 反映模拟值与实测值的差距,绝对值越小,模拟效果越好;*R* 是反映模拟值与观测值之间相关密切程度的统计指标,$R\in(0,1)$,1 表示二者相关性最优,值越小相关性越差;*NSE* 反映了模型的模拟效率,$NS\in(-\infty,1)$,1 表示模拟效果最优,*NSE* 值越小模拟效果越差。各评价参数计算如下:

$$RE = (S_i - O_i) \times 100\% / O_i \tag{2-7}$$

$$R = \sqrt{\left(\sum_{i=1}^{n} (O_i - \bar{O})(S_i - \bar{S})\right)^2 / \sum_{i=1}^{n} (O_i - \bar{O})^2 \sum_{i=1}^{n} (S_i - \bar{S})^2} \tag{2-8}$$

$$NSE = 1.0 - \sum_{i=1}^{n} (S_i - O_i)^2 / \sum_{i=1}^{n} (O_i - \bar{O})^2 \tag{2-9}$$

式中:O_i 为第 i 时段的观测值;$\bar{O}$ 为整个时段观测值的平均值;S_i 为第 i 时段的模拟值,$\bar{S}$ 为整个时段模拟值的平均值。

4. DRAINMOD-N Ⅱ模型对暴雨后排水量的模拟及分析

根据宿城区水务局气象观测资料,2012 年 7 月 24 日、8 月 15 日、9 月 3 日、9 月 17 日共发生 4 次暴雨级别的降雨,降雨量分别为 102.6 mm、169.1 mm、74.2 mm、59.5 mm。采用 DRAINMOD-N Ⅱ模型对 4 次雨后排水量、硝氮及氨氮流失进行模拟。

表 2-10 为 4 次降雨后两种灌排模式排水量的实测值与模拟结果。由实测值可以看出,控制灌排模式较常规灌排模式实测排水量减少百分率在 4.2%~54.9%之间,降雨越大,减排的百分率越高;4 次降雨综合分析,控制灌排实测值较常规灌排实测值减少百分率为 43.6%。原因是控制灌排雨后允许蓄水深

度大，雨水在稻田滞留时间长，地表排水量减少，可见暴雨后采用控制灌排制度，能够有效地减少排水量，增加雨水利用效率。由模拟值可以看出，各次暴雨农田排水量的模拟值与实测值相近，两种灌排模式模拟值与实测值的误差均在5%以内；4次暴雨总排水量的模拟值与实测值的误差更小，在1.0%以内，说明模型在暴雨后模拟农田排水量的可行性较高。

表 2-10 不同灌排模式暴雨期排水量模拟评价参数统计表

降雨日期	降雨量/mm	常规灌排					控制灌排					控制灌排较常规灌排实测排水量减少百分率/%	控制灌排较常规灌排模拟排水量减少百分率/%
		实测排水量/mm	模拟排水量/mm			实测与模拟误差/%	实测排水量/mm	模拟排水量/mm			实测与模拟误差/%		
			总量	径流	侧渗			总量	径流	侧渗			
7.24	102.6	61.9	60.0	42.3	17.7	−3.07	35.1	35.3	15.3	20.0	0.57	43.3	41.2
8.15	169.1	84.7	88.9	68.9	20.0	4.96	38.2	37.4	16.3	21.1	−2.09	54.9	57.9
9.3	74.2	27.8	26.8	10.6	16.2	−3.60	18.4	18.9	0.2	18.7	2.72	33.8	29.5
9.17	59.5	16.7	16.3	1.0	15.3	−2.40	16.0	16.2	0.1	16.1	1.25	4.2	0.6
总量	405.4	191.1	192.0	122.8	69.2	0.47	107.7	107.8	31.9	75.9	0.09	43.6	43.9
相关系数 R		0.98					0.99						
NS		0.992 2					0.997 5						

5. DRAINMOD-N Ⅱ模型对暴雨后硝氮及氨氮流失模拟及分析

采用 DRAINMOD-N Ⅱ模型对4次降雨后农田排水中 NO_3^--N 和 NH_4^+-N 的浓度进行模拟，两种灌排模式下各次暴雨排水过程及氮素浓度模拟见表2-11。模拟值与实测值对比见图2-9。

综合表2-11和图2-9的实测值可以看出，无论是常规灌排模式还是控制灌排模式，暴雨后农沟水体中的 NH_4^+-N 浓度均呈下降趋势，这是由于暴雨的稀释、NH_4^+-N 的硝化、水稻吸收以及土壤的吸附作用所致。每次暴雨后初始排水水体中的 NH_4^+-N 浓度总是常规灌排模式高于控制灌排模式，是因为常规灌排模式雨后地表排水量大，且蓄水深度浅，雨水击溅使得稻田地表水浑浊度高，大量吸附着 NH_4^+-N 的土壤颗粒随着地表排水进入农沟，导致农沟水体中 NH_4^+-N 浓度较高。到排水后期，由于控制灌排模式侧渗量较常规灌排模式大，加之农沟水体 NH_4^+-N 浓度背景值较低，所以控制灌排模式排水沟水体中的 NH_4^+-N 浓度始终低于常规灌排模式。从4次暴雨排水沟水体 NH_4^+-N 浓度的变化过程可以看出，排水沟水体 NH_4^+-N 浓度在雨后第4 d基本稳定并处于较低的数值。

表 2-11 模拟两种灌排模式暴雨期排水过程及氮素浓度

降雨	降雨后取水天数	模拟径流/mm		径流中氨氮实测浓度/(mg·L^{-1})		径流中硝氮实测浓度/(mg·L^{-1})		模拟侧渗/mm		侧渗中氨氮模拟浓度/(mg·L^{-1})		侧渗中硝氮模拟浓度/(mg·L^{-1})		排水中氨氮模拟浓度/(mg·L^{-1})		排水中硝氮模拟浓度/(mg·L^{-1})	
		常规	控制	常规	控制	常规	控制	常规	控制	常规	控制	常规	控制	常规	控制	常规	控制
第1次	1	42.3	15.3	1.84	1.35	1.26	0.92	3.8	4.1	1.50	1.20	1.44	1.01	1.81	1.32	1.27	0.94
	2							3.6	4.1	1.56	1.09	1.12	0.79	1.56	1.09	1.12	0.79
	3							3.5	4.0	1.43	0.91	1.11	0.68	1.43	0.91	1.11	0.68
	4							3.4	3.9	1.35	0.71	1.07	0.62	1.35	0.71	1.07	0.62
	5							3.3	3.9	1.32	0.69	1.05	0.59	1.32	0.69	1.05	0.59
第2次	1	68.9	16.3	1.47	1.48	1.00	0.95	4.1	4.3	1.21	1.39	1.36	1.06	1.46	1.46	1.02	0.97
	2							4.1	4.3	1.21	1.06	0.79	0.72	1.21	1.06	0.79	0.72
	3							4.0	4.2	0.91	0.84	0.53	0.62	0.91	0.84	0.53	0.62
	4							3.9	4.2	0.87	0.79	0.46	0.52	0.87	0.79	0.46	0.52
	5							3.9	4.2	0.82	0.76	0.42	0.52	0.82	0.76	0.42	0.52
第3次	1	10.6	0.2	1.79	1.46	1.02	0.80	3.3	3.9	1.32	1.29	1.10	0.83	1.68	1.30	1.04	0.83
	2							3.3	3.8	1.55	1.19	0.96	0.68	1.55	1.19	0.96	0.68
	3							3.2	3.7	1.46	0.91	0.98	0.59	1.46	0.91	0.98	0.59
	4							3.2	3.7	1.39	0.85	1.02	0.53	1.39	0.85	1.02	0.53
	5							3.2	3.6	1.38	0.85	1.03	0.53	1.38	0.85	1.03	0.53
第4次	1	1.0	0.1	1.82	1.30	0.91	0.79	3.2	3.3	1.35	1.10	0.92	0.82	1.46	1.11	0.92	0.82
	2							3.2	3.2	1.31	0.99	0.86	0.69	1.31	0.99	0.86	0.69
	3							3.1	3.2	1.25	0.86	0.90	0.56	1.25	0.86	0.90	0.56
	4							3.0	3.2	1.23	0.80	0.89	0.46	1.23	0.80	0.89	0.46
	5							2.9	3.2	1.23	0.80	0.87	0.40	1.23	0.80	0.87	0.40

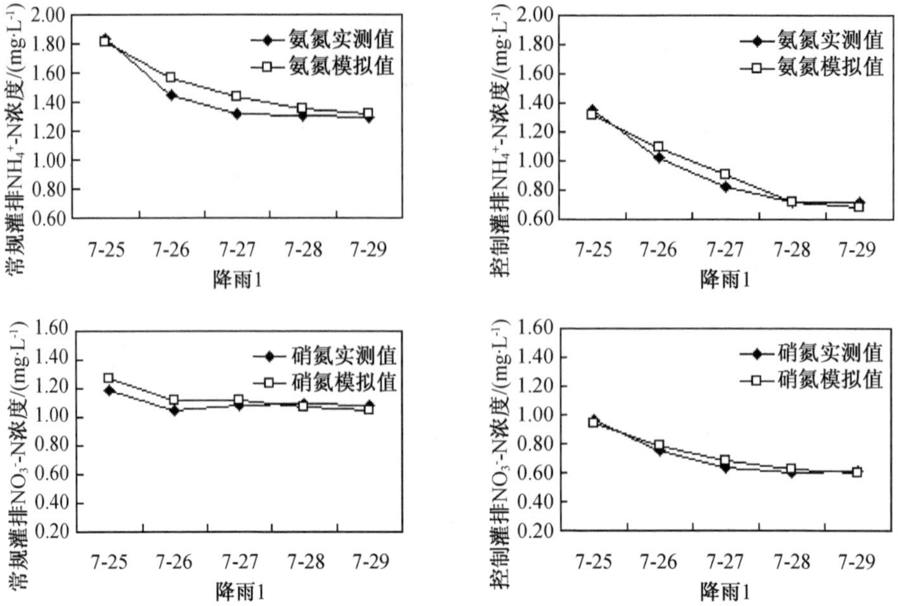

A. 2012 年 7 月 24 日 第 1 次降雨

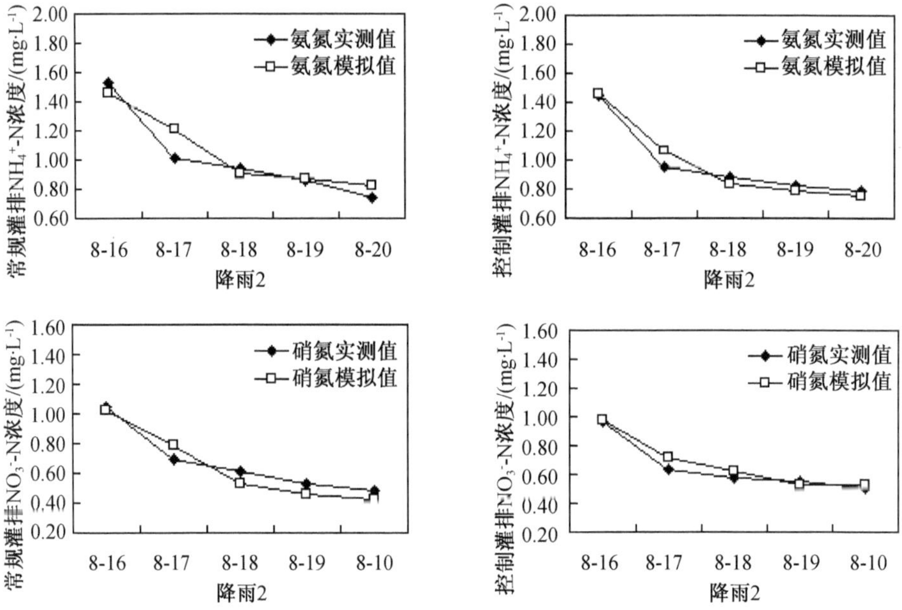

B. 2012 年 8 月 15 日 第 2 次降雨

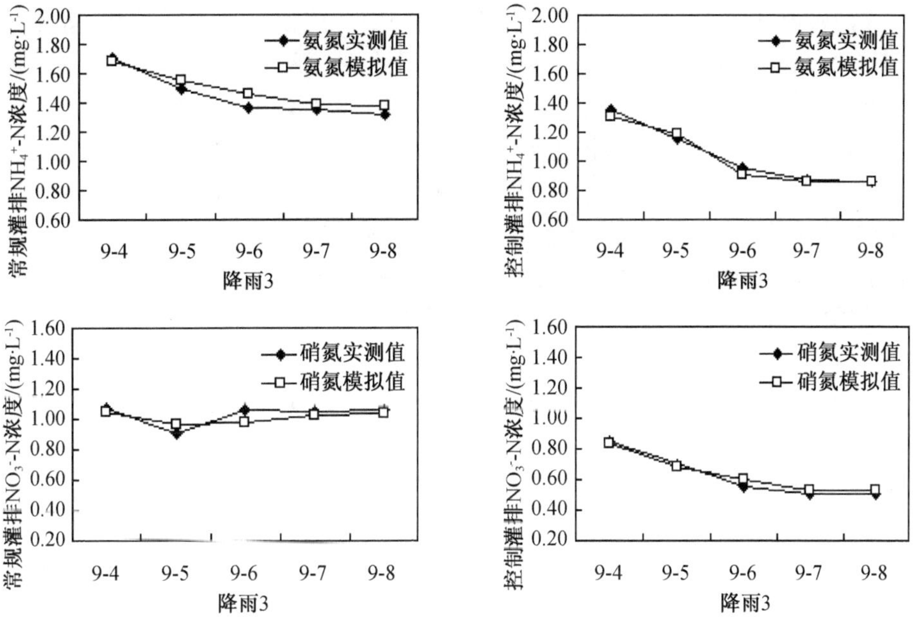

C. 2012 年 9 月 3 日 第 3 次降雨

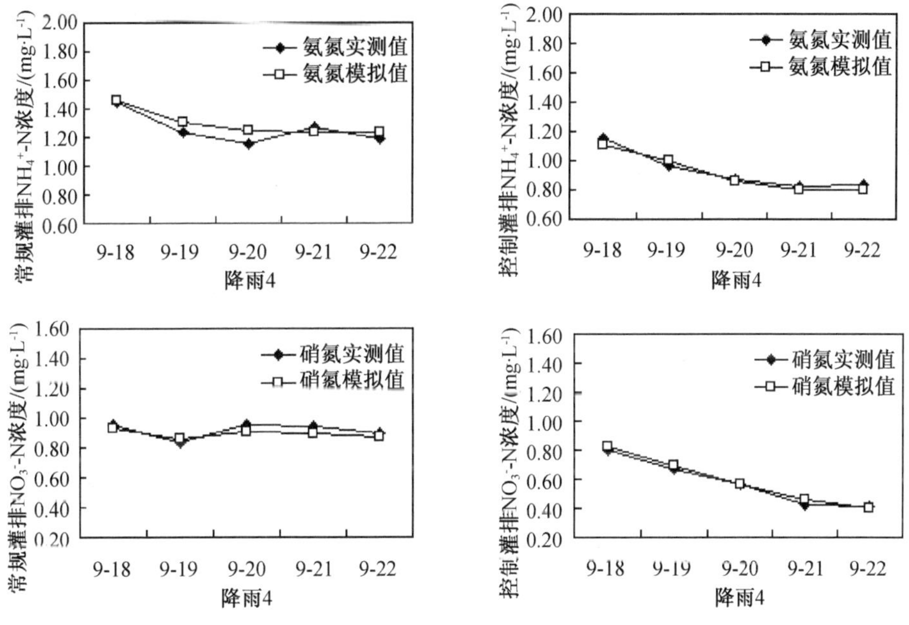

D. 2012 年 9 月 17 日 第 4 次降雨

图 2-9　4 次暴雨排水中 NH_4^+-N 和 NO_3^--N 流失量模拟值与实测值对比

两种灌排模式暴雨后农沟水体中的 NO_3^--N 浓度呈现下降趋势，水体中 NO_3^--N 浓度总是常规灌排高于控制灌排，排水第一天浓度高的原因是降雨扰动了地表土壤，加速了土壤中 NH_4^+-N 的硝化，导致 NO_3^--N 浓度升高。当地表排水结束后，排水沟的水体主要由稻田侧渗产生，稻田中的 NO_3^--N 随地下排水排出，由于雨后稻田内水层深度控制灌排模式大于常规灌排模式，而浑浊度控制灌排模式小于常规灌排模式，因此稻田水体中 NO_3^--N 浓度控制灌排模式小于常规灌排模式，所以排水沟水体中的 NO_3^--N 浓度控制灌排模式小于常规灌排模式。从 4 次暴雨排水沟水体 NO_3^--N 浓度的变化过程可以看出，排水沟水体 NO_3^--N 浓度在雨后第 4 d 基本稳定。

根据 4 次暴雨模拟和实测排水量及其对应的 NO_3^--N 与 NH_4^+-N 浓度，计算 4 次暴雨模拟和实测排水中的 NO_3^--N 与 NH_4^+-N 的负荷，结果见表 2-12。4 次暴雨排出的 NH_4^+-N 与 NO_3^--N 负荷模拟值与观测值总量相对误差 *RE*，常规灌排模式为 7%以内，控制灌排模式为 5%以内。对于相关系数 *R* 与效率系数 *NS*，控制灌排模拟情况均优于常规模式。采用 SPSS 19.0 分别对两种灌排模式 NO_3^--N 及 NH_4^+-N 的模拟结果与实测值做显著性分析及 t 检验，各测项模拟值与实测值方差无显著差异；同时，在显著性水平 $\alpha=0.05$ 下，检验统计量 t 均满足 $|t|<t_{\alpha/2}=1.86$ 且 $|t|<t_{\alpha}=2.31$，表明两种模式下模拟结果均是合理的。

将主汛期 4 次暴雨联合分析（见表 2-13），总观测值与总模拟值的总量相对误差 *RE* 均<5%，模拟效果较好；从相关性来看，两种灌排模式 NO_3^--N 和 NH_4^+-N 观测值与模拟值的相关系数 *R* 均达到 0.98 以上；从 *NS* 指标分析，控制灌排模式 NH_4^+-N 与 NO_3^--N 的 *NS* 值更接近 1，波动较小，较常规灌排模式更优。

利用 DRAINMOD-N Ⅱ模型对暴雨后常规灌排模式与控制灌排模式的稻田排水量及其 NO_3^--N 和 NH_4^+-N 浓度进行模拟，模拟值与观测值拟合较好，表明 DRAINMOD-N Ⅱ模型能够有效地描述暴雨后稻田排水及氮素运移过程。实测结果表明，控制灌排模式能够有效降低暴雨后稻田排水量及其 NO_3^--N 和 NH_4^+-N 浓度，显著降低暴雨后排水流失的 NO_3^--N 和 NH_4^+-N 的负荷，与常规灌排模式相比，排水量减少 4.2%～54.9%，NO_3^--N 负荷的减少量达 39.9%～62.9%，NH_4^+-N 负荷的减少量达 30.0%～63.3%，基本表现为次降雨量越大，减排量越大。因此，暴雨后采用控制灌排模式，能够有效减少排水量，增加雨水利用效率，减少 NO_3^--N 和 NH_4^+-N 流失。

表 2-12 4 次暴雨排水中 NH_4^+-N 与 NO_3^--N 负荷的模拟值与实测值统计

降雨	总观测值/($kg \cdot hm^{-2}$)		总模拟值/($kg \cdot hm^{-2}$)		RE/%		R		NS		显著性 α		t 检验	
NH_4^+-N	常规	控制	常规	控制	常规	控制	常规	控制	常规	控制	常规	控制	常规	控制
1	10.64	3.90	10.32	3.92	−3.01	0.51	0.98	0.99	0.97	0.98	0.46	0.48	0.03	−0.005
2	11.94	4.54	12.14	4.46	1.68	−1.76	0.99	0.99	0.96	0.99	0.50	0.48	0.01	0.02
3	4.31	1.91	4.20	1.94	−2.55	1.57	0.98	0.99	0.93	0.98	0.43	0.46	0.04	0.08
4	2.13	1.49	2.14	1.48	0.47	−0.67	0.99	0.99	0.96	0.98	0.43	0.50	−0.03	−0.04
NO_3^--N	常规	控制	常规	控制	常规	控制	常规	控制	常规	控制	常规	控制	常规	控制
1	7.15	2.88	7.38	2.89	3.22	0.35	0.98	0.99	0.96	0.93	0.47	0.49	0.03	−0.01
2	8.08	3.00	8.33	3.01	3.09	0.33	0.99	0.99	0.95	0.93	0.47	0.48	0.02	−0.001
3	2.91	1.16	2.73	1.20	−6.19	3.45	0.97	0.99	0.92	0.96	0.42	0.46	0.10	−0.22
4	1.53	0.92	1.15	0.96	−5.23	4.35	0.99	0.99	0.89	0.97	0.40	0.46	0.40	0.19

注：显著性 α 值小于 0.05 时，差异为显著。

表 2-13　4 次暴雨后 2 种灌排模式氨氮及硝氮流失模拟值和实测值联合统计评价指标

处理	总观测值/(kg·hm^{-2})	总模拟值/(kg·hm^{-2})	RE/%	R	NS
降雨 1～4 常规灌排模式 NH_4^+-N	29.02	28.80	−0.76	0.98	0.98
降雨 1～4 控制灌排模式 NH_4^+-N	11.84	11.80	−0.34	0.99	0.99
降雨 1～4 常规灌排模式 NO_3^--N	19.66	19.90	1.22	0.98	0.96
降雨 1～4 控制灌排模式 NO_3^--N	7.96	8.05	1.13	0.99	0.98

三、水稻产量指标

水稻的产量构成因素有：有效穗数、穗粒数、结实率及千粒重，在产量形成过程中表现出相互联系、相互制约和相互补偿的关系。各产量构成因素在生育进程中相互重叠。穗数的形成始于移栽，分蘖期为决定阶段，拔节孕穗期是巩固阶段；穗粒数及结实率的形成始于幼穗分化期，取决于幼穗开花、受精过程；千粒重主要取决于抽穗开花期之后的水、肥、气、热及光照条件。试验区近两年的理论产量与实际产量见表 2-14。

表 2-14　试验区水稻理论产量构成分析

年份/年	处理	最高茎蘖数/(万株·hm^{-2})	有效穗数/(万穗·hm^{-2})	穗粒数/(粒·穗$^{-1}$)	结实率/%	千粒重/g	理论产量/(kg·hm^{-2})	实际产量/(kg·hm^{-2})
2014	常规灌排	530	358	111	90	27.5	9 835	8 280
	控制灌排	512	355	110	91	27.5	9 665	7 982
2015	常规灌排	525	360	110	89	28.0	9 868	8 475
	控制灌排	510	357	111	90	28.0	9 986	8 895

根据已有研究成果和近两年小区试验和示范看出，如果水稻生长期雨水较多(2014 年)，控制灌排模式由于充分拦蓄雨水存在轻度涝渍胁迫，最终产量与常规灌排模式相比略有降低，尤其是分蘖期和拔节孕穗期雨水较多对产量影响较大，但总体仍处于高产水平；如果水稻生长期降雨偏少(2015 年)，控制灌排模式充分拦蓄了有限雨水，水稻全生育期总是处于干湿交替状态，田间水气状况协调，最终产量与常规灌排模式相比略有提高，实现了高产基础上的再增产。

由此可知，控制灌排模式总体上具有节水、减排、高产的优势。

第二节 淮北地区灌区田间工程建设标准

一、田间工程建设背景

田间工程是指最末一级固定渠道和固定沟道之间的条田范围内的临时渠道、排水小沟、生产路、水田的格田和田埂、旱地的灌水畦和灌水沟、小型建筑物以及土地平整等农田建设工程。田间工程是最基础的工程，直接关系到农田灌排效率和节水减排效果。

新中国成立以来，我国的农田水利事业有了很大发展，但由于“最后一公里”的投入不足，农田水利基础设施的建设与水利骨干工程相比还存在着很大的差距，“基础脆弱、欠账太多、全面吃紧”是目前农田水利的基本现状。随着我国现代化建设的快速发展，农村劳动力的转移，农业机械化、农业规模化经营的推进，传统的田间工程模式难以满足农业现代化建设的需求。先进、合理的田间工程是进行合理灌溉，及时排除地面涝水和控制地下水位，提高灌排工作效率，充分发挥灌排工程效益，实现旱涝保收，促进农业增产的保障。

近20年来，江苏省灌区建设以灌区水利工程功能最大化为主导的灌区续建配套与节水改造，使全省的大中型灌区的基础设施得到明显改善，此外，江苏省土地集约化利用和规模化农业的发展，为水稻节水减排高效灌排制度的实施提供了良好的条件。而灌区的田间工程投入不足，未能满足节水减排的要求，因此灌区田间工程建设模式应作相应的调整以配合水稻节水减排技术的推广应用。

二、田块布置

(一) 条田布置

末级固定灌溉渠道(农渠)和末级固定沟道(农沟)之间的田块叫作条田，它是进行田间工程建设的基本单元，也是组织田间灌排水的基本单元。条田规划布置应符合以下要求：

1. 排水要求

当降雨强度大于土壤入渗速度时，田块就会产生积水，积水深度和积水时间超过作物允许的淹水深度和历时时，就会形成涝灾；当灌溉定额过大或雨季过长，引起田间地下水位升高，上升毛管水到达作物根系集中区时，就会使土壤过湿形成渍害；当地下水矿化度较高时，在形成渍害的同时还会引起表层土壤积盐，造成盐害。为了排除地面积水和控制地下水位，需采取相应的排水措施，即开挖排水沟，排水沟应有一定的深度和密度。地表水可以通过密度较大、深度很小的浅明沟排除，地下水位的控制需要开挖一定深度和间距的排水沟来实现。农沟作为汇集田块地表径流、控制农田地下水位的末级固定沟道，其沟深和间距应满足排涝、降渍和控盐的要求。

条田的宽度受控制地下水位所需要的农沟间距的制约。在地面向一侧倾斜的地区，渠道只能向一侧灌水，排水沟也只能接纳一边的径流，农渠、农沟宜采用相邻布置，此种情况下条田较宽；在地势平坦的地区，农渠、农沟经常采用相间布置，此种情况下条田宽度较小。

2. 机耕要求

对于集约化经营的农田，机耕不仅要求条田形状规整，还要求条田具有一定的长度。若条田太短，拖拉机耕作长度太小，转弯次数就多，生产效率低，机械磨损大，能源消耗也大；若条田太长，往往会增加平整土地的工作量，还会增加灌水的难度。

根据以上要求，平原区的条田宽度一般为 50～200 m，长度一般为 500～1 000 m；山丘区的条田规格，应因地制宜，根据地形来确定。

（二）格田布置

1. 格田规格

为了减少土地平整工程量、提高灌水均匀度和效率，条田应划分为若干个格田，格田的长度与条田的宽度一致，其宽度一般 30～50 m 为宜，条田平整度差的格田宽度取小值，条田平整度高的格田宽度取大值。格田与格田之间用田埂隔开，为了能够适应节水减排灌排制度的推广应用，田埂的高度应不低于 30 cm，顶部宽不小于 40 cm，应在水稻泡田前用素土修筑并夯实。

2. 格田排水装置

为了实现格田控制排水，在每个格田设置一套排水装置，该装置可以实现格田水位的自动控制。格田控制排水装置见图 2-10。

该装置排水原理是：在田埂旁设置水槽，水槽靠田的一侧设有进水口，进水口的底面略低于田面，进水口的顶部与水槽的顶部等高。水槽的底部设有出水口，出水口与排水管道相连，水槽中设置有浮筒，浮筒通过不锈钢螺杆与设置在出水口上的盖体相连。为了使浮筒在出水口的正上端工作，田间排水控制系统中还设置对于浮筒的定位装置（出水口的四周设置有固定在底面上的固定筒，固定筒的直径略大于所述浮筒的直径，固定筒的内部与水槽内部贯通，水槽中的水能够稳定流入固定筒的内部）。不锈钢螺杆的一端系在盖体上，另一端穿

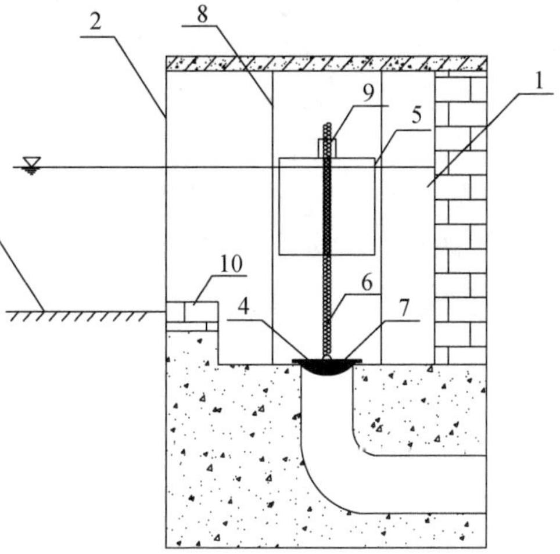

1. 水槽;2. 进水口;3. 田面;4. 出水口;5. 浮筒;6. 不锈钢螺杆;7. 出水口上的盖子;
8. 固定筒;9. 浮体顶部的固定块;10. 出水口处设置的活动砖块。

图 2-10 格田控制排水装置结构示意图

过所述浮筒的内部,系在浮筒顶部的一个固定块上。为了方便放空田间的水或保留部分水,在进水口处设置有活动砖块,活动砖块的顶部高于田面。当田间水位超过设计水位时,与其连通的水槽水位抬高,此时浮筒随之抬升从而拉动盖子打开排水口排水;当水位下降时,浮力减小,盖子依靠本身自重关闭出水口,停止排水。通过调节浮筒和盖子之间的不锈钢螺杆长度来实现田间不同控制水位下的排水;当田间水需要放空时,移去活动砖,缩短不锈钢螺杆长度或拿掉盖子和浮筒使水自由流出。

三、田间灌排工程布置

(一) 农渠

农渠是末级固定渠道,与对应的农沟一起构成一个耕作单元。农渠的布置应便于灌水和提高灌水效率,农渠的横断面不宜过大,渠内的灌溉水位应高于受水田面 10 cm 以上,每个格田应有一个放水口以便灌水。水稻灌区农渠不宜防渗,以维持灌区良好的生态环境。

(二) 农沟

农沟与农渠相互对应,并行布置,上灌下排,相互配合。农沟严禁用不透水材料衬砌。农沟的横断面由旱作时降渍要求决定,沟深一般不小于 1.2 m。

1. 农沟的控制排水

实行控制排水时,农沟出口应设置控制闸门,农沟出口的控制闸门如图 2-11

所示。其工作原理为:在挡水翼墙上设置门槽,闸门本体插入门槽中,闸门本体为可拆卸的上下叠片结构,上下叠片之间为密封止水连接。排水农沟中的水只能从闸门上方流过,根据控制水位的不同决定叠片闸门数量。为了上下叠片之间止水效果好,密封止水连接为通过凹凸槽结构连接。凹凸槽结构为凹凸半圆槽。通过闸门控制能够根据不同农田及农田不同时期的需水与排水要求,适时调整叠片闸门数量,控制排水农沟中的水位,来实现调控农田水位的目的,在时间和空间上满足不同作物及作物不同的生育阶段对地下水位的要求,实现了农沟的控制排水。

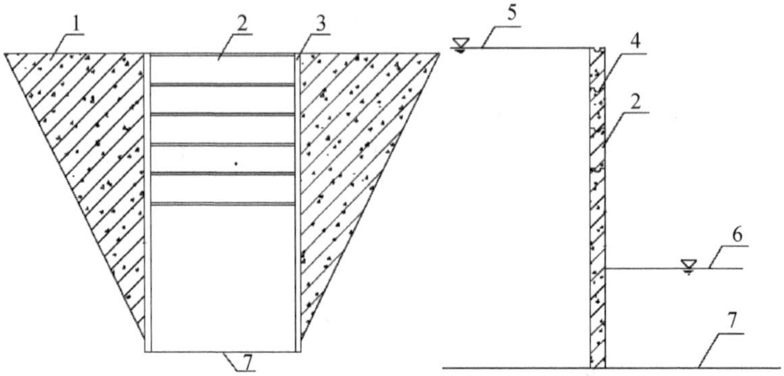

1. 翼墙;2. 闸门本体;3. 门槽;4. 凹凸槽结构;5. 上游水位;6. 下游水位;7. 排水沟底。

图 2-11　农沟控制闸门结构示意图

2. 农沟沟深

通过适宜渗漏量复核现有农沟间距和沟深的合理性。为了消除水稻渍害,在稻田淹水时应保持适当的田间渗漏量。在现有的排水工程条件下,田间渗漏量的控制主要是通过控制排水农沟的水位来实现。在没有试验资料的条件下,可以根据以下方法来推求排水沟内水位,实现稻田渗漏量的控制。

根据《灌溉与排水工程设计标准》(GB 50288—2018),水稻区田面有淹水层、稳定渗流情况下的排水沟间距按公式(2-10)和公式(2-11)计算(见图 2-12)。

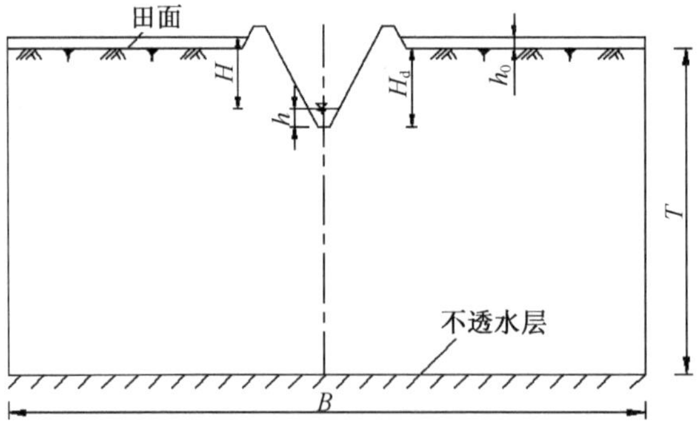

图 2-12　稻田排水沟间距计算示意图

$$B = \frac{kH}{q\Phi_0} \tag{2-10}$$

$$\Phi_0 \approx 0.5 + 0.174\frac{H_d}{T} \tag{2-11}$$

式中：B 为末级固定排水沟间距，m；k 为排水地段含水层平均渗透系数，m/d；H 为田面水位与沟底水面高程之差，即排水沟的作用水头，m；q 为设计要求的稻田渗漏强度，mm/d；Φ_0 为稳定渗流情况下排水沟排水地段的渗流阻抗系数；H_d 为排水沟的有效深度，m；T 为排水地段含水层的平均厚度，m。

根据式(2-12)和公式(2-13)，当排水沟有效深度 H_d、农沟间距 B、土壤渗透系数 k、稻田渗漏强度 q、排水地段含水层平均厚度 T、田面水深 h_0 已知时，可反推排水沟作用水头 H，进而求出排水沟水深 h，即：

$$H = \frac{Bq\Phi_0}{k} \approx \frac{Bq(0.5 + 0.174H_d/T)}{k} \tag{2-12}$$

$$h = h_0 + H_d - H \tag{2-13}$$

以运南灌区试验区为例，取排水沟深度 1.5 m，农沟间距 100 m，稻田土壤平均渗透系数 k=0.3 m/d(约 3.5×10^{-6} m/s)，稻田渗漏强度 q 取 2 mm/d、4 mm/d、6 mm/d 三种方案，排水地段含水层平均厚度 T=20 m，可求得排水沟作用水头 H，由田面水深 h_0，求出排水沟水深 h，从而得到该试验区稻田渗漏强度、田面水层深度、排水沟水层深度的对应关系(表 2-15)，由此即可通过对排水沟水层深度的控制来实现对稻田渗漏强度的控制。

表 2-15 不同渗漏强度下稻田水层深度与农沟水位对应表

稻田渗漏强度 q	排水沟的作用水头 H/m	田面水层深度 h_0/mm	排水沟水层深度 h/m
2	0.339	200	1.361
		150	1.311
		100	1.261
		50	1.211
		0	1.161
4	0.679	200	1.021
		150	0.971
		100	0.921
		50	0.871
		0	0.821

续 表

稻田渗漏强度 q	排水沟的作用水头 H/m	田面水层深度 h_0/mm	排水沟水层深度 h/m
6	1.018	200	0.682
		150	0.632
		100	0.582
		50	0.532
		0	0.482

对于稻麦轮作区，还应考虑旱作物的控制排水。一是作物不同的生育阶段要求的地下水适宜埋深不同，一般情况下，在作物的营养生长期要求的地下水适宜埋深较浅，生殖生长期要求的地下水适宜埋深较深，为了提高地下水的利用率，通常采用调节农沟水位的方式来实现农田地下水位的调控。二是作物不同生育阶段要求的雨后地下水降落速度不同。在没有试验资料的条件下，建议用下述方法调控农沟水位。

降雨或灌水时，地下水位将不断上升，降雨或灌水停止后，水位开始回降，下降的水位随时间变化。在这种上升和回落过程中的排水渗流均属于非恒定渗流。此时可通过调节排水沟水位来控制田间地下水位降落速度和大小。

由《灌溉与排水工程设计标准》(GB 50288—2018)，在不考虑蒸发影响，非稳定渗流情况下的排水沟间距按公式(2-14)和公式(2-15)或公式(2-16)计算(参见图2-13)：

$$B = \frac{kt}{\mu \Omega \Phi \ln \dfrac{H_0}{H_t}} \tag{2-14}$$

当 $D \leqslant B/2$ 时

$$\Phi = \frac{1}{\pi} \ln \frac{2D}{\pi B_0} + \frac{B}{8D} \tag{2-15}$$

当 $D > B/2$ 时

$$\Phi = \frac{1}{\pi} \ln \frac{2B}{\pi B_0} \tag{2-16}$$

式中：H_0 为地下水位降落起始时刻，排水地段中部地下水位高于沟内水面的作用水头，m；H_t 为地下水位降落到 t 时刻，排水地段中部地下水位高于沟内水面的作用水头，m；H_d 为排水沟内水面至地面的垂直距离，即排水沟的有效深度，m；t 为设计要求地下水位由 H_0 降到 H_t 的历时，d；μ 为地下水面变动范

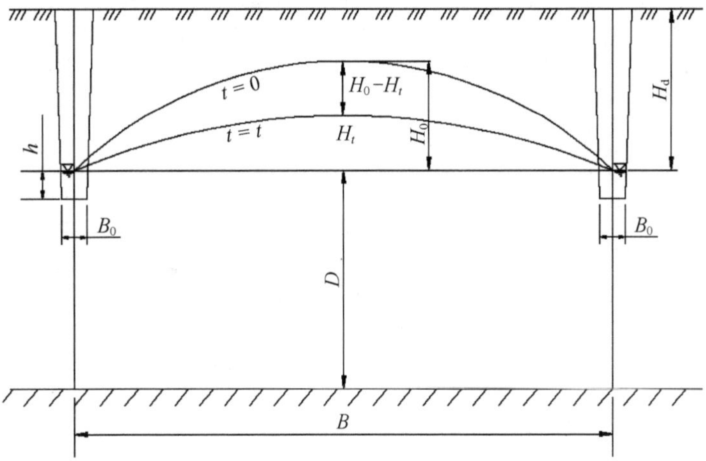

图 2-13　排水沟(管)间距计算示意图

围内的土层平均给水度；Ω 为地下水面形状校正系数，采用 $\Omega\approx0.7\sim0.8$；Φ 为非稳定渗流情况下，排水沟排水地段的渗流阻抗系数；D 为沟内水面至水平不透水层表面的垂直距离，m；B_0 为沟内水面宽度，m。其他符号同前。

当排水沟深度 H_d+h、沟内水面宽度 B_0、农沟间距 B、地下水面形状校正系数 Ω、土壤渗透系数 k、地下水位由 H_0 降到 H_t 的历时 t、土层平均给水度 μ、沟内水面至水平不透水层表面的垂直距离 D、起始时刻和 t 时刻的地下水位 H_1 和 H_2 已知时，可反推 H_0/H_t，进而求出排水沟水深 h，即：

当 $D\leqslant B/2$ 时

$$\frac{H_0}{H_t}=e^{\frac{kt}{\mu\Omega B\Phi}}=e^{\frac{kt}{\mu\Omega B(\frac{1}{\pi}\ln\frac{2D}{\pi B_0}+\frac{B}{8D})}} \tag{2-17}$$

当 $D>B/2$ 时

$$\frac{H_0}{H_t}=e^{\frac{kt}{\mu\Omega B\Phi}}=e^{\frac{kt}{\mu\Omega B(\frac{1}{\pi}\ln\frac{\Omega D}{\pi B_0})}} \tag{2-18}$$

根据上式，以运南灌区为例，灌区排水沟深度 1.5 m，农沟间距 $B=100$ m，地下水面形状校正系数 $\Omega=0.7$，田间土壤平均渗透系数 $k=0.3$ m/d，地下水位由 H_0 降到 H_t 的历时 $t=5$ d，土层平均给水度 $\mu=0.03$，排水地段含水层平均厚度 $D=20$ m。$D=20$ m<50 m$=B/2$，故代入上式得：

$$\frac{H_0}{H_t}=e^{\frac{kt}{\mu\Omega(\frac{1}{\pi}\ln\frac{2D}{\pi B_0}+\frac{B}{8D})B}}=e^{\frac{0.173\times5}{0.04\times0.8\times(\frac{1}{\pi}\times\ln\frac{2\times10}{\pi\times B_0}+\frac{100}{8\times10})\times100}} \tag{2-19}$$

根据设定的几种地下水降落速度，计算出排水农沟水深结果见表 2-16。

表 2-16　旱作区不同水位降落速度下排水沟水位

水位降落情况	H_0/H_t	排水沟水深 h/m
−100 mm(5d—200 mm)	1.753	1.167
−100 mm(5d—400 mm)	1.672	0.654
−100 mm(5d—600 mm)	1.540	−0.026
−100 mm(5d—800 mm)	1.540	−0.596

注：水位降落情况一栏，“−100 mm(5d—200 mm)”是指雨后地下水位离地表 100 mm，雨后 5 d 降至 200 mm。

由上表可以看出，当地下水的降落速度要求比较慢时，可以通过启用农沟出口处的控制闸门来实现农沟对地下水位的调蓄作用。

由以上分析可知，满足稻田渗漏量和旱作物降渍要求的农沟沟深不小于 1.2 m，条田宽度 50 m(即农沟间距 100 m)，既满足机耕要求，也满足降渍要求。

第三节　灌区适宜水面率研究

一、灌区适宜水面率

灌区的水面率是灌区内河道、塘坝和沟道在设计水位或多年平均水位控制条件下具有的水面面积与灌区总面积的比例。灌区水面率的影响因素包括自然条件、社会环境、经济发展水平、现有灌排工程设施的综合能力、生物多样性、水土资源和生态环境的认知程度等多方面内容。

适宜水面率指的是从某一灌区的现状和现行的法规、标准出发，考虑水域的基本功能正常发挥，提出的一项评估在人类活动与自然力双重作用下人类社会和水域自身的协调发展程度的指标，进而实现对水域的科学管理来促进人与自然的和谐发展、提高雨洪资源利用、改善灌区生态环境。

二、灌区适宜水面率确定的基本方法

水域的基本功能之一是行洪除涝。汛期，暴雨产生的洪水在区域内能够得到滞蓄，区域内部涝水能够通过水域滞蓄或利用相关的水利工程顺利排除；旱季，这些坑塘水面滞蓄的水量又能够满足灌区抗旱和生态环境的需水要求。河流、沟道、湖泊和坑塘水库等水域是行洪除涝和抗旱等系统的重要组成部分，在排除特定洪涝时，不仅与水域滞蓄容量有关，而且与相关水利工程的过流能力有关，在一定前提下，二者互为条件。对于灌区而言，如何根据现行有效的除涝标准，协调区域内部水域的滞涝能力和水利工程的排涝能力，既达到系统行洪除涝的总体优化，又能够充分利用雨洪资源，为抗旱、保护生态提供足够的水源，是该区域适宜水面率研究需解决的问题。水域的滞涝、抗旱能力以及雨洪资源利用功能可以作为确定灌区适宜水面率的基本依据。

灌区虽然大小不一，但内部灌排往往自成体系，故本次试验的模型仅考虑灌区内部的产汇流情况，不考虑流入区域的外来水部分，并把抗旱的需水容量纳入正常滞蓄容量，分析计算灌区内部的降雨产汇流，通过设计排涝流量（排涝模数）反推河沟坑塘及水田的调蓄容量，结合生态需水要求确定灌区水面率，以实现雨洪资源的充分利用。此外，通过结合各级管理部门出台的法律、法规等对水域面积或水面率指标的规定综合确定灌区适宜水面率。

根据我国现行有效的标准如《防洪标准》（GB 50201—2014）和《灌溉与排水工程设计标准》（GB 50288—2018）等确定灌区的防洪标准和除涝标准。根据灌区的水文资料计算设计涝水（设计排涝流量、设计排涝过程线和设计涝水总量），结合区域的需水容量确定灌区的适宜水面率。

三、基于雨洪资源利用的适宜水面率

（一）水面率对灌区抗旱除涝的影响

平原地区灌区坑塘、河网、排水沟水面（养殖水面除外）等水系对于灌区内水源的蓄、排起着重要的作用。正常情况下，灌区河网密度越大，水面面积越大，水面率也越大，在除涝标准和其他下垫面因素都一致的条件下，排涝模数越小。但是，根据排涝模数的计算公式，水面面积和排涝模数并不是线性关系，不同条件下水面率与排涝模数之间的关系是不尽相同的。对于淮北地区灌区来说，水面率过小会增加排涝压力，特别是暴雨期的排涝压力，如果不能充分调蓄和利用雨洪资源，内涝损失严重；从水土资源协调利用的角度，水面率过大则直接减少灌区基本耕地面积，不利于优化土地利用结构，对粮食安全构成威胁。因此，需根据淮北地区灌区的设计排涝模数反推适宜水面率，充分利用雨洪资源，满足抗旱和除涝的要求。

淮北地区灌区适宜水面率的计算流程为：确定区域的除涝标准与设计排涝模数；在常规灌排和充分利用雨洪资源（田-沟-塘协同调控）两种条件下，确定稻田滞蓄水深、河网坑塘水面的平均预降水深，进而根据平均排除法反推灌区适宜水面率 R。

（二）灌区适宜水面率的计算

平均排除法是以排水面积上的设计净雨在规定的排水时间内排除的平均

排涝流量或平均排涝模数作为设计排涝流量或排涝模数的方法，即：

$$Q=\frac{R_{区域}F}{86.4t} 或 q=\frac{R_{区域}}{86.4t} \tag{2-20}$$

淮北地区灌区既有旱地又有水田（一般水田面积较大），同时还有水面，首先分别计算水田、旱地和水面的设计径流深，然后按旱地、水田和水面的面积比例加权平均，即得区域综合设计径流深，再用式(2-20)计算综合排涝模数。

对于水田 $$R_{水田}=P-h_{田蓄}-E \tag{2-21}$$

对于旱田 $$R_{旱地}=aP \tag{2-22}$$

对于水域 $$R_{水域}=P-h_{蓄}-E_0 \tag{2-23}$$

式中：$R_{区域}$为区域设计径流深，mm，$R_{区域}=\alpha_{水田}\cdot R_{水田}+\alpha_{旱地}\cdot R_{旱地}+\alpha_{水域}\cdot R_{水域}$；$Q$为设计排涝流量，$m^3/s$；$q$为设计排涝模数，$m^3/(s\cdot km^2)$；$F$为排水沟控制的排水面积，$km^2$；$a$为径流系数；$P$为设计暴雨量，mm；$h_{田蓄}$按常规灌排和联合调控情况不同取$h_{田蓄1}$或$h_{田蓄2}$，$h_{田蓄1}$为常规灌排条件下水田滞蓄水深，mm；$h_{田蓄2}$为田-沟-塘联合调控下水田滞蓄水深，mm，根据已有研究成果，考虑充分利用雨洪资源和水稻耐淹水深，取值可参考表2-17；E为历时为t的水田田间腾发量，mm；$h_{蓄}$为水域滞蓄水深，mm；E_0为水面蒸发量，mm；t_1为常规灌排条件下规定的排涝时间，d，主要根据作物的允许耐淹历时确定，对于水田，选2～3 d排除，对于旱地，因旱作物耐淹较差，一般取1～3 d排除；t_2为田-沟-塘联合调控下规定的排涝时间，d，对于水田，考虑雨洪资源利用，选5 d排除，对于旱地，因旱作物耐淹较差，一般取1～3 d排除；$\alpha_{水田}$为水田面积比例；$\alpha_{旱地}$为旱地面积比例；$\alpha_{水域}$为水域面积比例。

表 2-17　水稻各生育期水层控制指标

生育期	分蘖期	拔节孕穗期	抽穗开花期	乳熟期
适宜水层上限/mm	30	30	30	30
适宜水层下限/mm	−200	−200	−200	−200
最大蓄水深度/mm	80(5d)	150(5d)	150(5d)	100(5d)

注：表中数字正值为田面淹水深度，负值为地下水位距田面的距离，单位 mm，括号内为最长淹水天数。

从式(2-20)看出，当区域排涝模数和水面滞蓄水深一定时，水面面积也一定，因此可根据区域设计排涝模数推求适宜水面面积。灌区水面主要包括坑塘洼地水面、河沟水面和养殖水面，其滞蓄水深不尽相同。式(2-20)中$R_{区域}$可写成：

$$R_{区域}=(\alpha_{水田}\cdot R_{水田}+\alpha_{旱地}\cdot R_{旱地}+\alpha_1\cdot R_1+\alpha_2\cdot R_2)/100 \tag{2-24}$$

$$R_1=P-h_{蓄1}-E_0 \tag{2-25}$$

$$R_2=P-h_{蓄2}-E_0 \tag{2-26}$$

式中：α_1为坑塘河沟水面率，%；α_2为养殖水面率，%；R_1为坑塘河沟水面设计径流深，mm；R_2为养殖水面设计径流深，mm；$h_{蓄1}$为坑塘河沟滞蓄水深，mm，确定时考虑沟塘预降水深；$h_{蓄2}$为养殖水面滞蓄水深，mm；其他符号同前。

由上述公式可知，α_1即为所求的除涝适宜水面率，其推求公式如下。

联立式(2-20)和公式(2-24)可得：

$$q=\frac{\alpha_{水田}\cdot R_{水田}+\alpha_{旱地}\cdot R_{旱地}+\alpha_1\cdot R_1+\alpha_2\cdot R_2}{8\ 640t} \tag{2-27}$$

适宜水面率：

$$R=\alpha_1=\frac{q\cdot 8\ 640t-(\alpha_{水田}\cdot R_{水田}+\alpha_{旱地}\cdot R_{旱地}+\alpha_2\cdot R_2)}{R_1} \tag{2-28}$$

约束条件：

$$\alpha_{水田}+\alpha_{旱地}+\alpha_1+\alpha_2=100$$

（三）各参数的确定

q：根据灌区水利设施现状和实际情况确定。

F：灌区面积。

a：根据灌区地貌及土壤特征查水文手册。

P：查水文手册。

$h_{田蓄1}$：根据实际取 30 mm。

$h_{田蓄2}$：根据表 2-17 取 80～150 mm。

E：5d 的水田田间腾发量取 30 mm。

E_0：查江苏省水文手册。

t_1：常规灌排条件下灌区排涝时间取 2 d。

t_3：基于雨洪资源利用的灌区排涝时间取 5 d。

$\alpha_{水田}$：根据灌区土地利用现状(规划)表确定。

$\alpha_{旱地}$：其初值根据灌区土地利用现状(规划)表确定。

α_2：根据灌区土地利用现状(规划)表确定。

$h_{蓄1}$：200～400 mm，具体根据灌区实际定。

$h_{蓄2}$：50～200 mm，具体根据灌区实际定。

第三章　灌区节水-生态强化截污耦合技术及其环境效应

根据目前国内外研究动态，我们发现大多数研究针对于平原农田排水沟，多侧重于面源污染输出或削减的单方面研究，研究结果因研究区域及研究沟道系统的不同，其削减效能差异也十分显著，进而影响了技术的推广及实施。随着面源污染的加剧以及流域水资源的短缺，农田排水沟作为农田流失氮磷汇集到下游收纳水体的位移途径，其径流氮磷浓度变化及其削减去除效应与影响因素研究则显得至关重要。为了更好地解决灌区面源污染问题，结合宿迁市宿城区的灌区实际情况，选择典型斗沟控制的范围进行节水-生态强化截污耦合技术示范研究，为江苏省的稻作区氮磷流失及面源污染治理提供一个示范。

第一节　生态沟道沉水植物-附着微生物强化截污技术

农业面源污染是一种扩散性污染，具有广泛性、隐蔽性、分散性、随机性、不确定性和不易监测性的特点，因此控制难度较大，主要通过源头控制、过程控制和末端治理进行防治。沟道作为上游农田面源污染的汇和下游水体污染物的源，极大地影响着下游河流和湖泊等水体的水质，因此，合理利用沟道成为减轻农业面源污染的有效途径之一。生态沟道是目前国内外在灌区普遍采用的较为实用的水污染修复技术，这项技术是将自然排水沟进行改造，使其在满足农田排涝的前提下，增加沟道植被覆盖量；通过沟道种植的植物吸收、吸附、动态拦截、径流和底泥中的化学转化以及微生物作用等方式有效去除来自农田径流的氮、磷等营养元素，从而减少进入河流和湖泊的污染物。

不同植物由于自身生理结构及代谢效率的不同，对营养浓度的耐受能力也有所不同，其表面生物膜体系也会作出相应的调整，因此研究不同沉水植物-附着生物膜在不同富营养化水平下对氮磷的去除效率和特征，对在实际工程中选择合适的沉水植物进行水生态修复有着重要的指导意义。选用具有代表性的三种沉水植物（苦草、眼子菜和轮叶黑藻）和仿生植物进行对比试验，以探讨不同沉水植物在三种氮营养浓度下对氮的去除效率和附着生物膜的分布及功能特征。

一、水质指标的变化

（一）氨态氮浓度的变化

由图 3-1 可知，不同氮营养试验组的氨氮浓度在 10 d 内均有明显下降，但趋势不同：低富营养化水平各试验组氨氮保持较快的下降趋势；中、高富营养化水平试验组中氨氮浓度在 0～4 d 内下降较慢，在之后的第 4～8 d 内下降较快，通过观察生物膜中微生物量可知，这一现象是由于第 6 d 之后植物表面附着的生物膜趋于成熟，硝化反硝化作用增强，氨氮消耗较多，第 8 d 后氨氮残留量较少。通过不同植物对比试验可知，苦草和轮叶黑藻对水体中氨氮去除效率较高，眼子菜则由于部分叶片腐烂，对氨氮的去除效率与仿生植物接近。

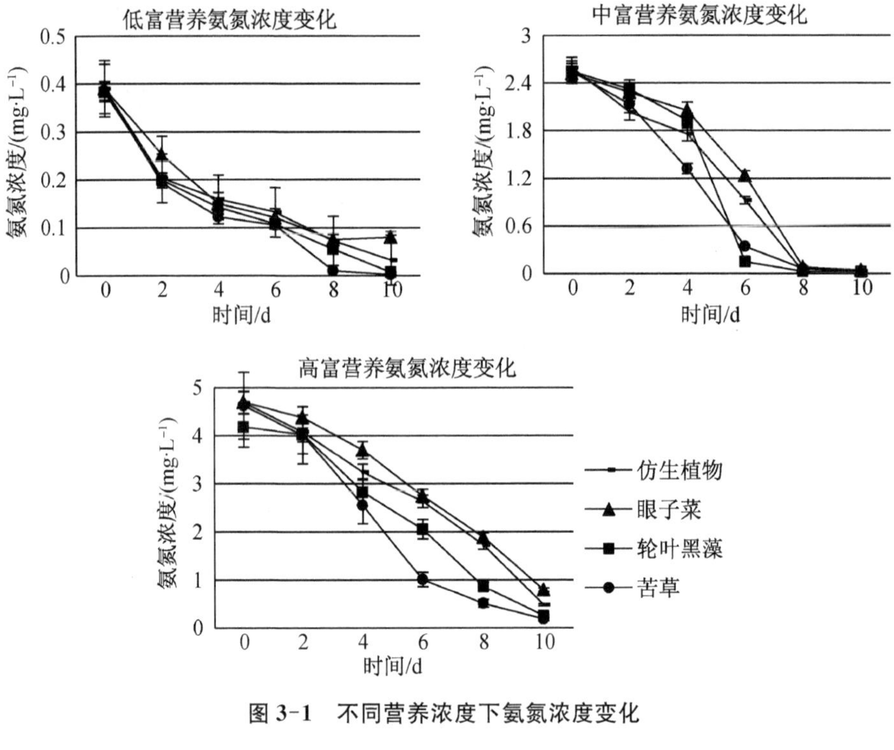

图 3-1　不同营养浓度下氨氮浓度变化

（二）硝态氮浓度的变化

由图 3-2 可知，不同氮营养试验组的硝态氮浓度在 10 d 内均有明显下降，但趋势不同：低富营养化水平试验组中，硝氮浓度在第 0～4 d 下降速度较快，环境中底物浓度降低，反硝化作用减弱，故第 8～10 d 下降趋势减缓；中、高富营养化水平试验组，在 0～2 d 内由于硝化作用将部分 NH_4^+ 和 NO_2^- 转化为 NO_3^-，造成 NO_3^- 浓度下降较慢甚至略微上升，之后反硝化作用增强，硝氮浓度保持平稳下降。

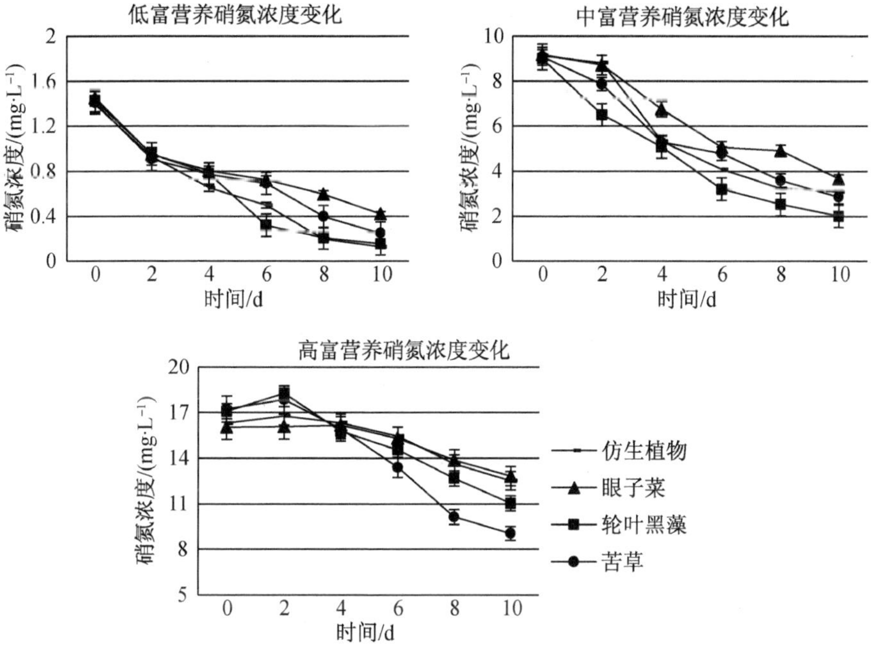

图 3-2 不同营养浓度下硝氮浓度变化

（三）总氮的浓度变化

由图 3-3 可以看出，不同氮营养实验组的总氮浓度在 10 d 内均明显下降，与张卫等对伊乐藻修复水体效果的研究结论一致：沉水植物对总氮、氨态氮和硝态氮均具有一定的净化效果，并且水体中氮素起始浓度越高，其去除效果越明显。眼子菜由于残叶腐败以及新叶缺乏成熟的附着生物膜，硝态氮去除效果最差。轮叶黑藻在低、中富营养化水平下氮素去除效率最高，高富营养化水平下由于营养盐胁迫，总氮去除效率较苦草差。总体来说，轮叶黑藻和苦草对总氮去除效果最好，其中苦草对营养盐浓度的耐受能力优于轮叶黑藻。胡彦春等也发现不同沉水植物对生活污水的净化效果有显著差异，轮叶黑藻对总氮的吸收效果优于眼子菜。

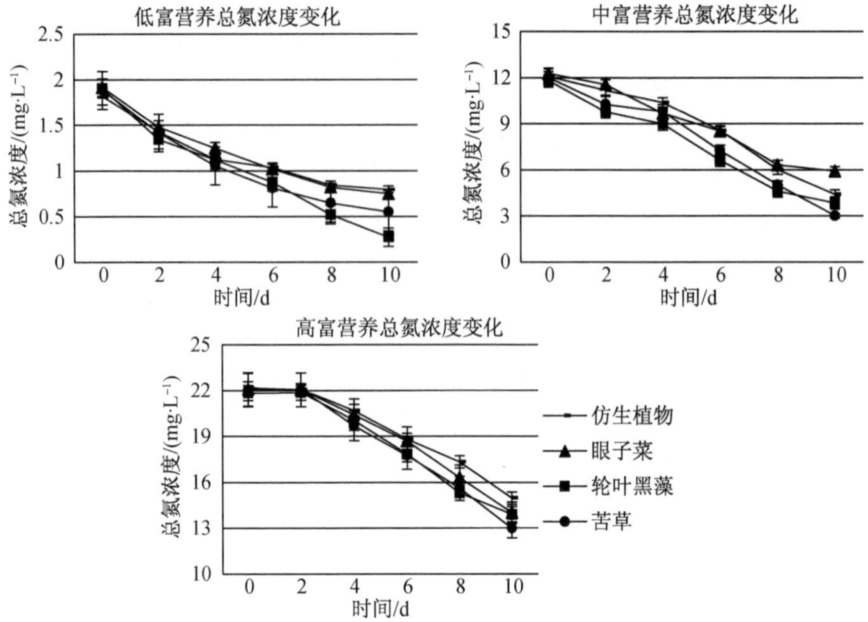

图 3-3　不同营养浓度下总氮浓度变化

二、附着生物膜量的变化

（一）微生物总数

分别在种植植物后第 1、2、4、7 d 和 11 d 采集不同营养水平下生长的植物叶片，经洗脱、固定、染色、过滤后在荧光显微镜下通过紫外光(激发波长 365 nm，发射波长 420 nm)测定微生物总量，集合 CCD 图像传感器观察，测定结果见图 3-4。

分析图 3-4 可知，3 种氮素浓度下植物单位叶面积上的微生物数量变化趋势一致：单位叶面积表面附着微生物丰度随着时间推移而增加，7 d 左右达到峰值，之后相对稳定，说明沉水植物附着生物膜的成熟期约为 6～7 d。不同氮营养水平对 4 种植物单位叶面积微生物数的影响不同：仿生植物单位叶面积微生物数量在 3 种营养水平下差异不大，均为组内最低；眼子菜的附着微生物密度随营养程度的升高而有所增加；而苦草和轮叶黑藻的单位叶面积微生物数量为中富营养水平＞高富营养水平＞低富营养水平。

（二）藻类结构

图 3-5 是本试验中典型藻类在光学显微镜放大 400 倍下的附着藻类照片。附着生物膜中数量较多的是小球藻和微囊藻，同时含有鼓藻、螺旋藻、角星鼓藻、新月藻、卵形藻及双菱藻等数量相对较少的藻类。

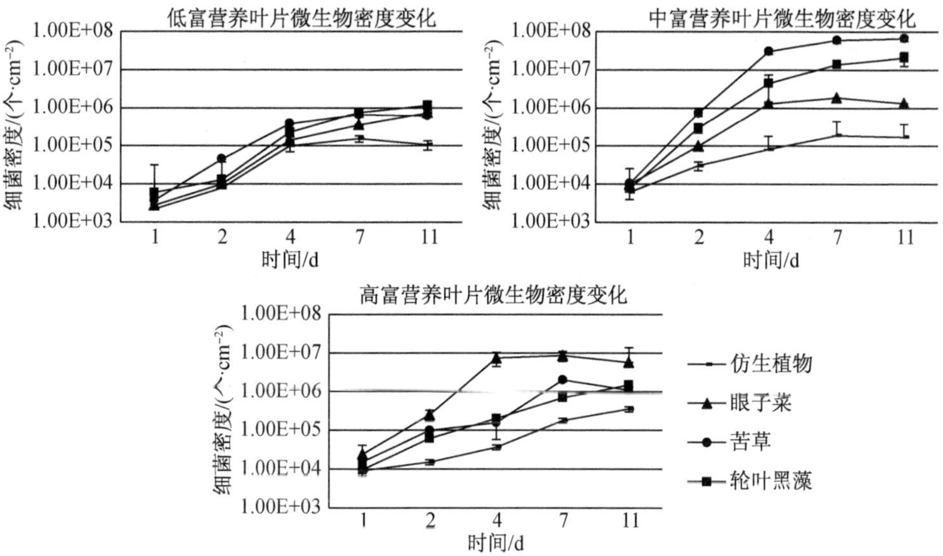

图 3-4　不同营养浓度下叶片附着微生物密度变化

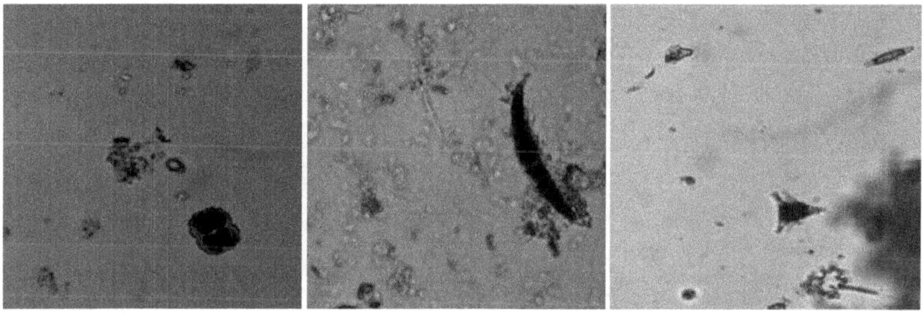

图 3-5　典型藻类

图 3-6 表示不同营养水平植物叶片附着藻类密度。当环境适宜沉水植物生长时，附着藻类的生物量就会受到一定的控制；但是当环境对沉水植物产生胁迫作用时，部分种类的附着藻类就会大量繁殖，影响沉水植物的光合作用，加速沉水植物的消亡。在本试验中，对比不同程度富营养组，4 种植物叶片附着藻类密度关系较为稳定，均呈现附着藻类密度随营养程度的升高而增加的趋势，进一步验证了 Liboriussen 等的研究结果。

本试验 4 种处理中附着藻类密度由高到低依次为仿生植物＞眼子菜＞苦草＞轮叶黑藻，这与沉水植物分泌的克藻物质及叶片表面结构有关。克藻物质是植物的次生代谢物，常见的有酚类和脂肪酸，不同植物分泌的克藻物质不尽相同，效果也差别很大。迄今为止，国际上已经证明眼子菜、黑藻、伊乐藻、苦草

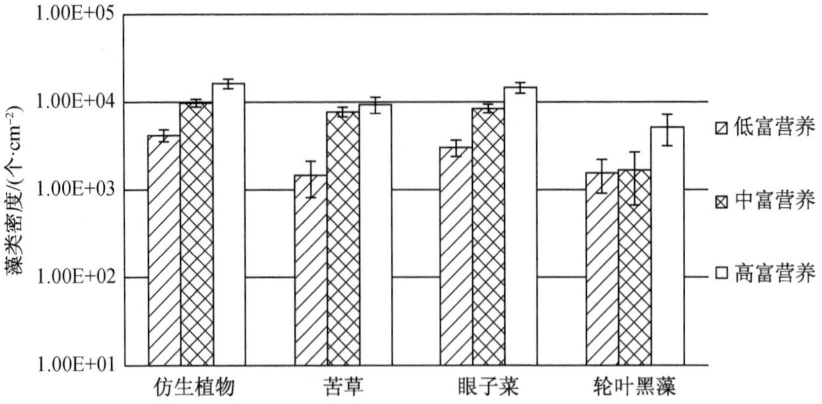

图 3-6　不同营养水平植物叶片附着藻类密度

均对特定的藻类有显著抑制效果。仿生植物表面快速形成生物膜可能与仿生植物表面没有植物分泌物相关。

从表 3-1 可知，在低富营养组中，4 种植物表面附着藻类种数差异不大，共检出 22 个藻种，其中绿藻门 5 种，硅藻门 8 种。仿生植物、苦草和眼子菜表面附着藻类中绿藻门总数最高，比例均超过 60%，包括小球藻、鼓藻、新月藻和巴西栅藻；其次是蓝藻门的优势种微囊藻、蓝纤维藻和颤藻；再次是硅藻门的优势种卵形藻、菱形藻、小环藻及舟形藻；最后是黄藻门的丝藻和隐藻门的隐藻。轮叶黑藻表面附着藻类中同样是绿藻门总数最高，比例高达 70.05%，包括小球藻、鼓藻和新月藻，未检出巴西栅藻；其次是硅藻门的卵形藻、菱形藻和铁杆藻；再次是蓝藻门的优势种微囊藻和腔球藻；最后是黄藻门的拟气球藻和丝藻。苦草和轮叶黑藻表面均未检出隐藻，这可能是由于隐藻是喜有机质的藻类，而苦草、轮叶黑藻水体中水质清澈。

表 3-1　低富营养水平下不同植物表面附着藻类比例

低富营养	仿生植物	苦草	眼子菜	轮叶黑藻
硅藻	9.96%	10.95%	12.10%	13.93%
绿藻	70.68%	68.51%	65.50%	70.05%
蓝藻	16.15%	12.48%	12.69%	7.92%
黄藻	1.70%	8.06%	9.03%	8.10%
隐藻	1.51%	—	0.68%	—

从表 3-2 可知，在中富营养组中，4 种植物表面附着藻类种数差异不大，共检出 23 个藻种，其中绿藻门 5 种，硅藻门 9 种。仿生植物和眼子菜表面附着藻类中绿藻门总数最高，包括小球藻、鼓藻、新月藻和巴西栅藻；其次是硅藻门的优势种小环藻、卵形藻及舟形藻，仿生植物表面硅藻门藻类较眼子菜少，前者为 21.03%，而后者接近 40%，检出仿生植物特有的铁杆藻，眼子菜表面则检出特有的长篦藻和细布纹藻；再次是蓝藻门的优势种微囊藻、蓝纤维藻和鞘丝藻；最后是黄藻门的丝藻和隐藻门的隐藻，其中眼子菜表面隐藻较多，这可能与眼子菜组中部分叶片腐烂有关。苦草和轮叶黑藻表面附着藻类中同样是绿藻门总数最高，比例超过 40%，包括小球藻、鼓藻、新月藻和巴西栅藻；其次是硅藻门的小球藻、卵形藻、菱形藻和舟形藻。蓝藻门的优势种为微囊藻和腔球藻，苦草上检出管链藻，轮叶黑藻上则检出色球藻；黄藻门检出拟气球藻和丝藻，未检出隐藻。

表 3-2　中富营养水平下不同植物表面附着藻类比例

中富营养	仿生植物	苦草	眼子菜	轮叶黑藻
硅藻	21.03%	30.88%	39.52%	32.15%
绿藻	63.97%	42.22%	39.98%	46.53%
蓝藻	12.72%	8.93%	12.26%	12.23%
黄藻	2.07%	17.97%	5.23%	9.09%
隐藻	0.21%	—	3.01%	—

从表 3-3 可知，在高富营养组中，4 种植物表面附着藻类共检出 20 个藻种，其中绿藻门 4 种，硅藻门 8 种。仿生植物和眼子菜表面附着藻类中硅藻门总数最高，包括小环藻、卵形藻及舟形藻，仿生植物表面硅藻门数目较眼子菜多，前者为 65.79%，而后者只接近 50%；其次是绿藻门的优势种小球藻、鼓藻、新月藻。蓝藻门比例均为 10%左右，黄藻门的优势种为丝藻，隐藻门的优势种为隐藻。其中眼子菜表面丝藻和隐藻比例较仿生植物高，且组成种数更丰富，这表明在同样的污染水质下，沉水植物比仿生植物表面生物多样性高，眼子菜及附着藻类耐污性强。苦草和轮叶黑藻表面附着藻类组成相似，硅藻门总数最高，约为 60%，包括小球藻、卵形藻、菱形藻和舟形藻；其次为绿藻门，只检出小球藻和新月藻。蓝藻门的微囊藻、腔球藻、蓝纤维藻和鞘丝藻均有检出，黄藻门藻类主要发现拟气球藻和丝藻，隐藻也有 4%左右的比例。

表 3-3　高富营养水平下不同植物表面附着藻类比例

高富营养	仿生植物	苦草	眼子菜	轮叶黑藻
硅藻	65.79%	60.35%	50.88%	60.24%
绿藻	21.80%	14.50%	15.44%	17.10%
蓝藻	9.14%	13.19%	11.47%	9.00%
黄藻	1.30%	7.76%	12.60%	10.26%
隐藻	1.97%	4.20%	9.61%	3.40%

多项研究表明，水体营养盐水平对附着藻类群落组成具有很大的影响。Spathris 等发现适量的营养盐输入能够增加群落的多样性，但是高营养盐的突然输入会妨害藻类的自然演替，使得某些物种成为优势种。本实验低富营养、中富营养中附着藻类种类较高富营养丰富，优势种为绿藻和硅藻，且随着营养水平的升高而比例增加，即高浓度的营养盐削弱了附着生物膜中藻类的多样性。

汤仲恩等分析发现苦草培养液对小球藻、衣藻的生长具有明显的抑制作用，铜绿微囊藻不受影响，甚至能促进四尾栅藻的生长，说明苦草向水中分泌某些克藻物质具有某种针对性。其他沉水植物尚未有类似研究结论，可以推测本实验中不同植物表面附着藻类群落结构与不同沉水植物分泌的克藻物质具有某种专一性联系，在后续的基金项目实验中我们会分离不同沉水植物分泌的克藻物质验证这一想法。

第二节　控制灌溉减排效应与稻田生态系统环境容量评价

一、基于节水减排的水稻控制灌排模式评价

从田间尺度研究基于节水减排的水稻灌排技术体系，从 3 个处理（浅湿灌排、控制灌溉、常规灌溉）中，优选出水位控制方案，为指导水稻田间灌排实践提供依据。本节选择遗传投影寻踪模型对水稻田间灌排方案进行评价研究。

将基于实数编码的加速遗传算法（Real coding based Accelerating Genetic Algorithm 简称 RAGA）与投影寻踪评价模型（Projection Pursuit Evaluation Model 简称 PPE 模型）有机结合起来，通过 RAGA 优化 PPE 模型中的投影方向参数，完成高维数据向低维空间的转换，实现将样本的多个评价指标转化成

一个综合指标，然后按投影值进行排序与识别，从而实现对水稻农田水位调控模式的评价。

水稻节水减排技术指标主要涉及减少排水和减少面源污染两个方面。减少排水方面主要考虑农沟排水量指标；减少面源污染方面主要考虑氨氮流失负荷、硝氮流失负荷、全氮流失负荷、全磷流失负荷及化学需氧量五项指标。节水减排评价指标体系组成见表3-4。

各个指标值采用以下的方法确定：

农沟排水量：当小区水位在地表以下时，侧渗排入农沟的水量，mm。

氨氮、硝氮、全氮、全磷流失负荷及化学需氧量：

以N、P元素排放负荷为指标，引入N、P负荷变化的计算公式：

$$L=\left(\sum_{i=1}^{n}C_{di}Q_{di}\right)\times 10^{-2} \tag{3-1}$$

式中：L 为不同灌排模式稻田氮磷指标排放负荷，kg・hm^{-2}；C_{di} 为不同灌排模式试验区水稻每次排水氮磷质量浓度，mg・L^{-1}；Q_{di} 为不同灌排模式试验区水稻每次排水水量，mm；i 和 n 分别为水稻排水次序号和总排水次数。

表3-4　节水减排评价指标体系

序号	评价指标	指标描述
1	农沟排水量	稻田排水量
2	氨氮流失量	面源污染主要污染物
3	硝氮流失量	面源污染主要污染物
4	全氮流失量	面源污染主要污染物
5	全磷流失量	面源污染主要污染物
6	化学需氧量	具有还原性的污染物、农药

2016年控制灌排模式下3个试验小区水稻全生育期减少排水量及面源污染量如表3-5所示。

表3-5　控制灌排模式下水稻全生育期减少排水量及面源污染量

处理	农沟排水/mm	NH_4^+-N 流失负荷/(kg・hm^{-2})	NO_3^--N 流失负荷/(kg・hm^{-2})	TN 流失负荷/(kg・hm^{-2})	TP 流失负荷/(kg・hm^{-2})	COD/(mg・L^{-1})
处理1	164.8	3.11	8.01	13.20	0.85	876.39
处理2	115.3	2.03	6.11	15.84	0.56	741.66
处理3	200.4	3.43	10.69	16.43	1.23	787.97

采用基于 RAGA 的投影寻踪方法进行评价，按照表 3-4 选定的评价指标体系，分别对 3 个处理的试验小区的试验结果进行评价。通过计算得出：

6 个评价指标的最佳投影方向：

$a^{*}=(0.5252 \quad 0.4502 \quad 0.4932 \quad 0.0868 \quad 0.4635 \quad 0.2364)$

相应的一维投影值 $Z(i)$：

$Z=(1.2944 \quad 0.0710 \quad 2.1002)$

最大投影指标函数值 $Q^{*}=0.0321$。

投影值越大，表明该方案的综合效果越好。由投影值 $Z(i)$ 可以看出处理 3>处理 1>处理 2，即处理 3(常规灌溉)排污最大，处理 1(浅湿灌排)其次，处理 2(控制灌溉)排污最小。处理 2 能对降雨进行一定的调蓄，显著减少了稻田的污染物排放，降低排水中氮磷负荷，进而有效减少农田氮磷的流失，减轻了灌溉和排水对环境的压力。

二、基于能值理论的稻田生态系统环境容量评价系统

(一) 能值理论评价模型

能值理论和分析方法是由著名生态学家、"系统生态学之父"H. T. Odum 为首创立的系统分析方法。该方法主要是通过使用能值理论，定量分析稻田生态系统自然环境资源和辅助能的能值投入产出，评价其环境承载力和生态系统的可持续发展状况，研究农田生态系统不同水肥调控方式对系统环境容量的影响力，合理开发稻田环境资源，为实现该地区稻田生态的可持续发展提供科学依据。

(二) 稻田生态系统能值图

根据宿迁市宿城区运南灌区实验基地水稻生产系统内外主要能量流、物质流的方向及其与农作物生产的关系绘制运南灌区实验基地稻田生态系统能值图(见图 3-7)，系统输入能值包括：(1)可更新环境资源，包括太阳能、风能、雨水势能、雨水化学能；(2)不可更新环境资源，包括表土层损失；(3)不可更新的辅助资源，包括化肥、农药、电力；(4)可更新的辅助资源，包括种子、人力、灌溉用水。系统产出为水稻。

(三) 稻田生态系统的能值指标体系

能值指标的分析是评价该地区结构和功能的重要依据，通过指标分析，探究该地区环境压力和系统可持续发展程度。因此，结合试验站农田生态系统的特点，制定系统的评价指标体系(见表 3-6)。根据运南灌区实验基地 2016 年的试验数据，借助能量折算系数和太阳能值转换率，编制运南灌区实验基地农田生态系统能值分析表。系统能值指标数据测算如表 3-7、表 3-8 所示。

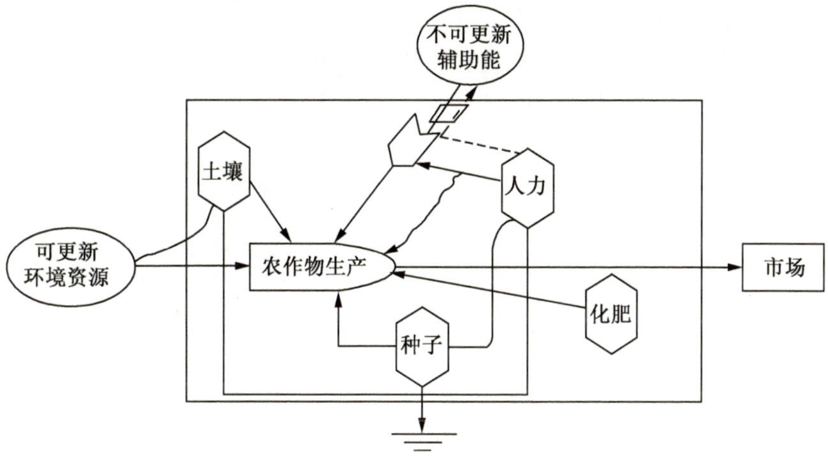

图 3-7　稻田生产系统能值图

表 3-6　试验基地稻田生态系统能值指标体系

项目	代号	计算公式	备注
可更新资源能值	R		系统可更新资源能值的投入情况
不可更新资源能值	N		系统不可更新资源能值的投入情况，一般这里测算的是表土层净损失。由于水稻有水层覆盖，表土层损失可视为零
环境资源能值总投入	I	$R+N$	系统从环境无偿获得的资源能值的投入总和
不可更新辅助能值投入	F		系统辅助能值投入的工业制造部分
可更新辅助能值投入	R_1		系统辅助能值投入的有机能部分
总辅助能值投入	U	$F+R_1$	系统的人工投入能值的总和
能值总投入	T	$R+N+F+R_1$	系统内各种能值投入的总和
能值总产出	Y		通过对系统内水稻的产量测算得到
能值产投比		Y/T	衡量生态系统能值投入的效率
生产力	P_Y	Y/A	衡量生态系统单位面积产量水平
净能值产出率	EYR	Y/U	系统产出能值与总辅助能值的比值
环境负载率	ELR	$(N+F)/(R_1+R)$	不可更新辅助能值加上不可更新资源能值与可更新环境资源能值的比率
可持续发展指数	ESI	EYR/ELR	净能值产出率(EYR)与环境负载率(ELR)的比值

表 3-7　农田生态系统能值投入产出评价

	项目	能值转化率/(sej·g^{-1})	农田生态系统能值投入量/sej		
			浅湿灌溉(处理 1)	控制灌排(处理 2)	常规灌排(处理 3)
可更新的环境资源	太阳能	1	5.55E+12	5.55E+12	1.51E+12
	风能	663	6.26E+09	6.26E+09	1.71E+09
	雨水势能	8.89E+03	2.80E+10	2.80E+10	7.65E+09
	雨水化学能	1.54E+04	7.22E+12	7.22E+12	1.97E+12
不可更新的环境资源	表土层损失	4.26E+09	0	0	0
不可更新的辅助资源	化肥	3.80E+09	3.18E+13	2.12E+13	0
	农药	1.62E+09	2.68E+11	2.68E+11	7.32E+10
	电力	1.59E+05	1.49E+12	1.39E+12	3.32E+11
可更新的辅助资源	种子	2.00E+05	9.24E+11	9.24E+11	2.52E+11
	灌溉用水	1.54E+04	1.53E+12	1.42E+12	3.41E+11
	人力	3.85E+05	1.71E+13	1.71E+13	4.66E+12
产出能值	水稻	3.59E+05	3.91E+13	3.83E+13	1.05E+13

表 3-8　农田生态系统能值指标体系

项目	代号	单位	浅湿灌溉(处理 1)	控制灌排(处理 2)	常规灌排(处理 3)
可更新资源能值	R	sej	7.22E+12	7.22E+12	1.97E+12
不可更新资源能值	N	sej	0	0	0
不可更新辅助能值	F	sej	3.36E+13	2.29E+13	4.06E+11
可更新辅助能值	R_1	sej	1.95E+13	1.94E+13	5.25E+12
总辅助能值投入	U	sej	5.31E+13	5.23E+13	6.66E+12
能值总投入	T	sej	7.03E+13	5.75E+13	8.73E+12
能值总产出	Y	sej	4.51E+13	4.93E+13	1.25E+13
能值产投比			0.64	0.85	2.57
生产力	PY	sej·m^{-2}	4.82E+8	5.28E+8	1.33E+8
净能值产出率	EYR		0.84	0.94	1.87
环境负载率	ELR		1.36	0.79	0.08
可持续发展指数	ESI		0.62	1.19	23.38

(四) 能值指标体系分析

1. 生产力

生产力是农田生态系统能值分析最关键的指标之一。本研究采用产出能值密度指标来代表农田生态系统的单位面积产量水平。产出能值密度即总产出能值与生态系统总面积之比,单位是 $sej \cdot m^{-2}$。产出能值密度越大,说明生产力越大。不同灌排模式(浅湿灌溉、控制灌排、常规灌溉)下的农田生态系统生产力分别为 4.82E+8、5.28E+8、1.33E+8,说明施肥方式相同的条件下,控制灌溉和浅湿灌溉比常规灌溉的生产力高。总体来看,不同的水肥条件对农田生态系统的生产力影响不大。

2. 能值产投比

能值产投比是其能值总产出与总投入的比值,能值产投比越大,说明系统能值的利用率越高。由表 3-8 可以看出,在相同的施肥方式条件下,浅湿灌溉的能值产投比明显低于常规灌溉。

3. 净能值产出率

净能值产出率(*EYR*)是系统总产出能值与总辅助能值之比。*EYR* 越高,表明系统获得一定的经济能值投入,生产出来的产品能值(产出能值)越高。3 种不同水肥条件模式下稻田生态系统的净能值产出率分别为 0.84、0.94、1.87,常规灌排模式下的净能值产出率最高,控制灌排模式下的净能值产出率要高于浅湿灌溉。

4. 环境负载率

环境负载率(*ELR*)是指不可更新辅助能值加上不可更新资源能值与可更新环境资源能值的比率。经济投入越大,环境资源利用率越高,农产品产量的增加幅度越大,环境负载率也越大。3 种不同水肥条件模式下稻田生态系统的环境负载率分别为 1.36、0.79、0.08,常规灌溉模式下的环境负载率最低,浅湿灌溉模式下的环境负载率要高于控制灌排模式。

5. 可持续发展指数

可持续发展指数(*ESI*)为净能值产出率(*EYR*)与环境负载率(*ELR*)的比值。当 *ESI* 值处在 1～10 的范围之间,说明系统有活力、可持续;当 *ESI* 大于 10 时,说明系统经济不发达,对资源的开发利用不够;当 *ESI* 小于 1 时,系统的进口能值在总投入能值中所占比重较大,说明系统不可更新的辅助资源的利用率较大,属于消费型的生态系统。3 种不同水肥条件模式下稻田生态系统的可持续发展指数分别为 0.62、1.19、23.18。说明控制灌排模式下的生态系统是有活力、可持续发展的;常规灌排模式下的生态系统不够发达;浅湿灌溉模式下的生态系统为消费型的生态系统。因此控制灌排生态系统环境容量最佳。

宿城区运南灌区实验基地农业生态系统的能值分析是在3种不同灌溉施肥方式下的系统性分析，结果表明系统整体比较良好。通过比较分析，不同水肥条件对整个农田生态系统的生产力影响较大，控制灌溉和实地施肥的应用不仅使水资源的利用率提高，而且其能值产投比和净能值产出率都较高，并且对环境的压力小，生态系统也向良好的方向发展并处在一个可持续发展的水平上。但是农业生态系统作为一个整体，能值投入大于能值产出，说明该系统的能值利用率不高，在以后的试验中应适当降低能值投入。分析结果表明，控制灌排和实地施肥条件下的农业生态系统是富有活力的，生态系统的环境压力也相对较小，但仍然需要加强生态环境建设。

第四章　灌区水塘配置及其环境效应

淮北地区灌区水塘规模小，蓄水、供水能力不足，在开源节流的同时，通过农田、沟道、水塘进行协同调控来实现雨水拦蓄，达到提高雨水利用率、减少灌溉用水量、控制面源污染的目的，是今后长期解决该地区农业干旱的主要途径。为更好地利用雨洪资源，充分应用水稻节水减排高效灌排技术，结合宿迁市宿城区运南灌区实际情况，选择典型支沟控制范围进行淮北地区灌区雨洪资源高效利用和节水减排潜力研究与示范，为水稻灌区大面积推广该技术提供示范。

第一节　灌区田-沟-塘协同调控模式

一、田-沟-塘协同调控模式

稻田调蓄雨水是灌区节水减排的第一道防线，国内外研究表明，农田排出的水体，经过排水沟道和水塘湿地，既可以进一步调蓄部分水量，又可以有效消减部分氮磷等富营养物质。因此，构建灌区完整的排水体系并保留适宜的水面率，形成田-沟-塘联合调控的工程模式，对于南方灌区节水减排具有重要现实意义。理想的灌区田-沟-塘协同调控模式示意图见图 4-1。

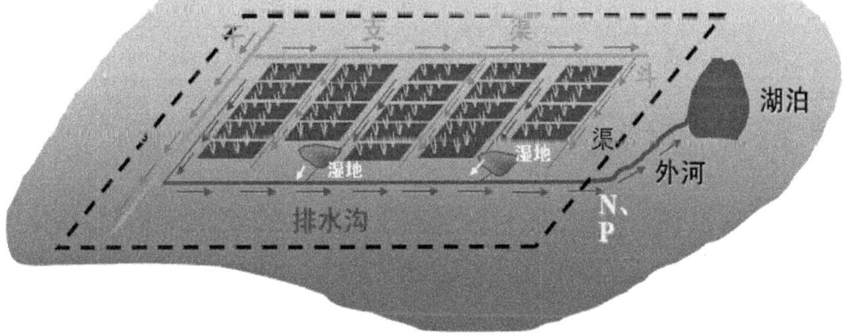

图 4-1　理想灌区田-沟-塘协同调控模式示意图

为满足节水减排高效灌排模式的需要，在完善灌区干、支、斗、农各级排水沟的基础上，灌区还应保留一定的坑塘水面(或湿地)，并定期进行清淤疏浚，以保障雨洪资源合理利用。根据第二章适宜水面率计算方法，计算得淮北地区灌区常规灌排条件下适宜水面率约为12.5%，雨洪资源高效利用(田-沟-塘协同调控)条件下的适宜水面率约为9.4%，结合理想灌区田-沟-塘协同调控模式(见图4-2)，干沟间距约1 000 m，口宽10～15 m，支沟间距约500 m，口宽5～8 m，每条支沟控制范围内布置坑塘(或湿地)1～2处，坑塘(或湿地)最大深度不小于3 m。

图4-2 田-沟-塘协同调控模式实景图

二、田-沟-塘协同调控模式的灌溉用水量和排水量

2012年和2015年不同灌排模式下水稻全生育期灌排水量如表4-1所示。2012年和2015年田-沟-塘协同调控模式与常规灌排模式相比，全生育期地表排水量分别减少53.80%和71.49%，雨水利用率分别提高21.25%和18.93%，灌水量分别降低18.72%和21.02%。

表4-1 不同灌排模式下水稻全生育期灌排水量

灌排模式	灌水量/mm		降雨量/mm		农沟排水量/mm		雨水利用率/%	
	2012年	2015年	2012年	2015年	2012年	2015年	2012年	2015年
常规灌排模式	624.5	766.0	679.8	398.8	268.6	105.6	60.49	73.52
田-沟-塘协同调控模式	507.6	605.0	679.8	398.8	124.1	30.1	81.74	92.45
增(减)幅度/%	−18.72	−21.02			−53.80	−71.50	21.25	18.93

注：农沟排水量为降雨期间的排水量。

根据以上分析，结合第二章稻田排水量指标，暴雨期田-沟-塘协同调控模式农沟排水量比常规灌排模式减少 40%～45%，暴雨利用率提高 20%以上；全生育期地表排水量减少 50%以上，雨水利用率提高 20%左右，相应的灌水量分别降低约 20%。田-沟-塘协同调控模式达到提高雨水利用率、节约灌溉用水量的目标。

第二节　灌区雨洪资源利用的节水减排效应

根据第二章中所提到的不同灌排模式稻田排水中氮磷负荷变化计算方法，计算得暴雨后田-沟-塘协同调控模式稻田 NH_4^+-N、NO_3^--N、TN 累积流失量分别为 0.84 kg·hm^{-2}、0.56 kg·hm^{-2}和 2.20 kg·hm^{-2}，分别比常规灌排模式减少 48.15%、49.09%和 45.54%，减排效果明显（见表 4-2）。田-沟-塘协同调控模式 NH_4^+-N、NO_3^--N 和 TN 质量浓度整体较常规灌排模式低，通过控制排水量和浓度的双重途径来减少氮素流失。排水量和氮素质量浓度状况决定稻田氮素流失主要发生在暴雨初期，田-沟-塘协同调控模式控制氮素流失关键时期的排水量，显著减少氮素流失。

田-沟-塘协同调控模式稻田 TP 流失负荷为 0.85 kg·hm^{-2}，较常规灌排模式减少 49.10%，减排效果明显。田-沟-塘协同调控模式控制暴雨后磷素高质量浓度时期的排水量，有效减少磷素流失。

表 4-2　不同灌排模式下稻田排水中氮磷负荷变化

灌排模式	农沟排水量/mm	NH_4^+-N 流失负荷/(kg·hm^{-2})	NO_3^--N 流失负荷/(kg·hm^{-2})	TN 流失负荷/(kg·hm^{-2})	TP 流失负荷/(kg·hm^{-2})
常规灌排模式	84.70	1.62	1.10	4.04	1.67
田-沟-塘协同调控模式	38.20	0.84	0.56	2.20	0.85
增(减)幅度/%	−54.90	−48.15	−49.09	−45.54	−49.10

全生育期常规灌排模式与田-沟-塘协同调控模式稻田排水及氮磷负荷流失量见表 4-3。全生育期田-沟-塘协同调控模式稻田 NH_4^+-N、NO_3^--N、TN、TP 累积流失量分别为 2.48 kg·hm^{-2}、1.56 kg·hm^{-2}、7.02 kg·hm^{-2}和2.58 kg·hm^{-2}，分别比常规灌排模式减少 50.20%、52.73%、44.06%和48.19%，减排效果明显。

表 4-3　全生育期常规灌排模式与田-沟-塘协同调控模式稻田排水量及氮磷负荷流失量

灌排模式	农沟排水量/mm	NH_4^+-N 流失负荷/($kg \cdot hm^{-2}$)	NO_3^--N 流失负荷/($kg \cdot hm^{-2}$)	TN 流失负荷/($kg \cdot hm^{-2}$)	TP 流失负荷/($kg \cdot hm^{-2}$)
常规模式	268.60	4.98	3.30	12.55	4.98
田-沟-塘协同调控模式	124.10	2.48	1.56	7.02	2.58
增(减)幅度/%	−53.80	−50.20	−52.73	−44.06	−48.19

总体来看，地表排水及地下排水的增加主要来自各次降雨，而 NH_4^+-N、NO_3^--N、TN、TP 随排水流失，同时具有次降雨量越大，减排量越大的特点，因此，各次降雨后采用田-沟-塘协同调控模式，能够有效地减少排水量，增加雨水利用效率，减少氮磷流失。

由上述灌区雨洪资源高效利用的节水减排潜力分析可知，采用田-沟-塘协同控制灌排模式，降雨由农田进行初次拦截，由沟道、水塘湿地对农田排水进行二次、三次拦截，在减少排水量的同时，增加雨水在农田、农沟、坑塘中的滞留时间，在充分利用雨洪资源的同时，发挥田-沟-塘的湿地效应以消减 N、P 浓度，比单一的农田或沟道控制排水具有更好的资源环境效应。

第三节　示范推广情况

一、示范区简介

运南灌区位于宿迁市西南部的宿城区和泗阳县，南临洪泽湖，北至大运河，东部与淮阴区接壤，西部与泗洪县、宿豫区相连，总面积 713.2 km^2，占宿迁市总面积的 26.6%，原设计灌溉面积 51.75 万亩，现状实际灌溉面积 39.80 万亩，其中宿城区境内设计灌溉面积 23.29 万亩。

灌区气候属于暖温带季风性气候，光热资源比较优越，四季分明，气候温和，具有明显的季风区气候特点。年平均气温 14.1 ℃，一年之中 1 月份为全年最冷，月平均气温为 0 ℃，极端最低温度为−23.4 ℃；7 月份最热，月平均气温为 26.8 ℃，极端最高温度为 40 ℃。年均日照 2 315 h，太阳总辐射量约为 117 $kcal \cdot cm^{-2}$。无霜期较长，平均为 211 d，初霜期一般在 10 月下旬，降雪初日一般在 12 月中旬初，活动积温 5 189 ℃，全年作物生长期为 310.5 d。常年主导风向为东南风，发生在春秋季。次风向为东北风，发生在冬季。年平均气压为 1 013.9 hpa，最高气压为 1 045.0 hpa（1970 年 1 月 5 日），最低气压为 988.0 hpa（1983 年 7 月 2 日）。

由于受季风性气候影响，年际降水变化较大，且年内分布不均，易形成春旱、夏涝、秋冬干天气。春旱较为突出，最长连续无雨期达 50 d 以上；夏季雨量较为集中，平均降雨 523.0 mm，故经常发生洪涝灾害；秋季天高气爽，日照充足，降雨虽多于春季，但仍以干旱为主；冬季干燥，平均降雨量只有 73.0 mm，基本能满足农作物的需水要求。多年平均降水量为 900.6 mm，年最大降水量为 1 647.1 mm（1963 年），年最小降水量为 573.9 mm（1978 年）。月雨量分布不均，7—8 月份降雨量较为集中，占全年降雨量的 57.5%，特别是 7 月份，雨量占全年雨量的 30%～40%。多年汛期平均降雨量 570.2 mm，最大降雨量 1 156.1 mm（1963 年），最小降雨量 321.4 mm（1973 年），最大一日降雨量为 327.0 mm（1974 年 8 月 12 日），最大三日降雨量为 437.0 mm（1974 年 8 月 11—13 日），最大七日降雨量为 438.0 mm（1974 年 8 月 17—23 日）。全区蒸发相对较为平衡，多年平均蒸发量 856.6 mm，蒸降比为 0.95∶1，降水稍大于蒸发，但不同时期，蒸降比不同。

示范区位于宿城区屠园乡城乡统筹试验区内，属于宿城区的运南灌区内，地处宿城区东南部，南濒洪泽湖，北连徐淮公路，东与泗阳县众兴、临河两镇毗邻，西与泗洪县曹庙乡接壤，北距宿迁市区约 40 km。示范区面积 8 000 余亩，其中核心示范区 200 亩，位置见图 4-3。

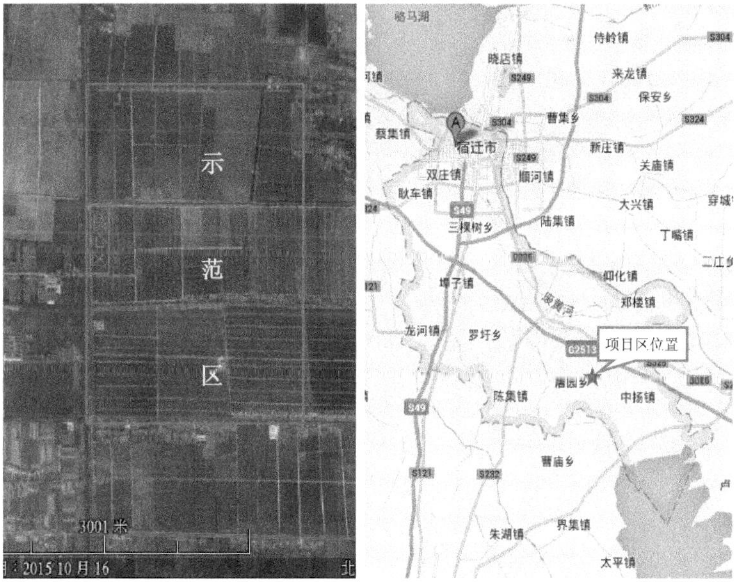

图 4-3　示范区位置示意图

二、成果示范应用情况

核心示范区由 4 个条田组成，面积约 200 亩。每个条田宽 50 m，长 650 m，条田内分成若干个格田，格田宽 50 m。条田田埂高 0. 5 m 左右，顶宽 1. 0 m 左右，格田田埂高 0. 3 m，顶宽 0. 4 m。每个格田有一个独立的进水口和独立的排水口，进水采用装配式进水口，排水口安装田间控制排水装置。

核心示范区有 2 条农渠，3 条农沟，都是土渠土沟，其中农渠深 0. 5 m，渠顶高出地面 0. 5 m，农沟深 1. 5 m，沟顶高出地面 0. 5 m，农渠、农沟的边坡系数均为 1. 0，农沟的出水口设有水闸，现场照片见图 4-4。

图 4-4　核心示范区农沟、农渠照片

第五章　灌区生态防渗技术推广与应用

近年来水危机在世界范围内引起广泛关注，节约用水成为解决水资源匮乏问题的重要对策，渠道防渗在农业节水方面受到重视。但长期以来传统灌区采用浆砌石、混凝土块等硬质化渠道防渗材料对生态环境产生了巨大负面影响，引起渠道生态系统严重退化。因此，提出符合生态农业的渠道生态防渗技术，对于指导现代农田水利工程建设，实现灌区可持续发展具有重要意义。本章以宿迁船行灌区和来龙灌区为例，基于渠道防渗工程效应、生态效应、工程成本及施工工艺等方面进行综合评价，优选研究区各土质条件下适宜的生态防渗技术，进行应用前景评估，在灌区改造工程中推广实施。

第一节　渠道生态防渗技术模式与防渗效果

以宿迁船行灌区（砂性土壤为主）和来龙灌区（黏性土壤为主）为例，在对灌区调查分析以及部分新型防渗技术应用研究的基础上，通过野外试验、现场检测分析与理论模型计算相结合的方法，对比分析不同土质条件下灌区渠道生态防渗技术与混凝土硬质化渠道防渗技术对渠道输水和节水效益的影响。

一、渠道生态防渗技术模式

选择船行灌区和来龙灌区内较成熟的生态防渗渠道[渠底土工膜防渗＋干垒块挡墙（Ⅰ）；渠底土工膜防渗＋混凝土结合联锁块护坡（Ⅱ）；渠底土工膜防渗＋生态混凝土护坡（Ⅲ）]和传统的土渠（Ⅳ）、混凝土衬砌防渗渠道（Ⅴ）进行对比研究。其中干垒块挡墙（Ⅰ）是指形状独特的高强混凝土块体直接码放而形成的一种挡土墙；混凝土结合联锁块护坡（Ⅱ）是指 200 m 混凝土护坡结合 50 m 联锁型混凝土护坡；生态混凝土护坡（Ⅲ）是指具有特殊结构与表面特性，植物的根系直接生长在生态混凝土中，采用工程加固和植被护坡相结合的方式，维护边坡的稳定性和保护生态环境的混凝土护坡。5 种渠道的示意图见图 5-1～图 5-4。

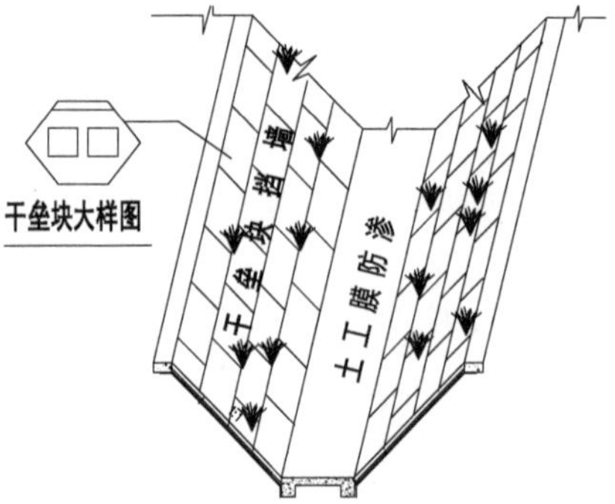

图 5-1　渠底土工膜防渗+干垒块挡墙(Ⅰ)示意图

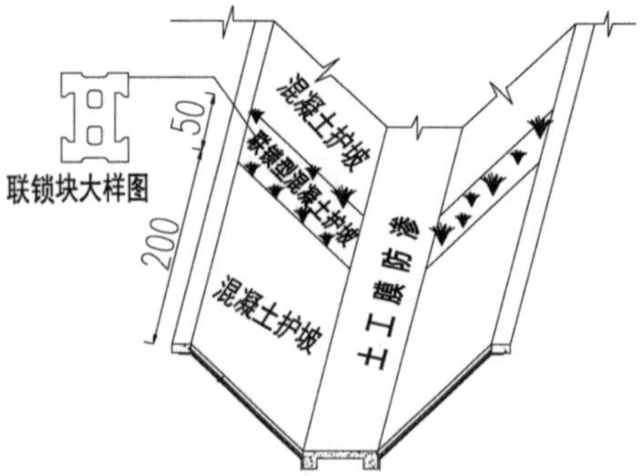

图 5-2　渠底土工膜防渗+混凝土结合联锁块护坡(Ⅱ)示意图

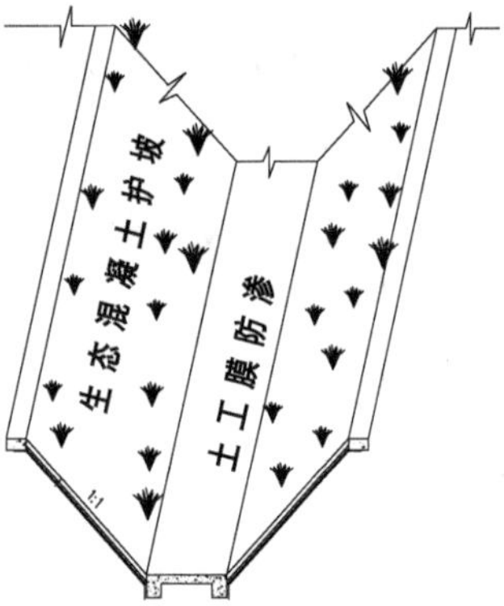

图 5-3　渠底土工膜防渗+生态混凝土护坡(Ⅲ)示意图

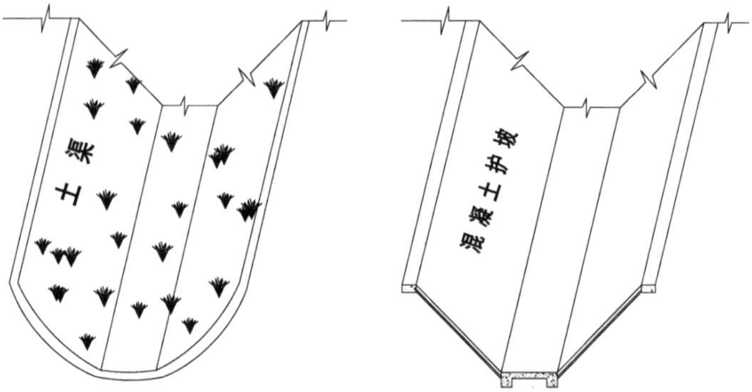

图 5-4　传统的土渠(Ⅳ)和混凝土衬砌防渗渠道(Ⅴ)示意图

二、防渗效果分析

（一）船行灌区试验结果与分析

1. 各类型渠道糙率与流量的关系

通过调节渠道进口流量可分别测试5种衬砌渠道[渠底土工膜防渗＋干垒块挡墙的生态渠道（Ⅰ）、渠底土工膜防渗＋混凝土结合联锁块护坡的生态渠道（Ⅱ）、渠底土工膜防渗＋生态混凝土护坡（Ⅲ）、土渠（Ⅳ）、混凝土衬砌防渗渠道（Ⅴ）]的糙率。基于5种类型渠道在不同流量下发生均匀流时的水深，结合渠道均匀流的基本公式，推导出糙率 n 值。5种类型渠道支渠在不同流量下糙率的变化规律见图5 5。

渠道均匀流公式为：

$$Q = AC\sqrt{Ri} = \frac{A^{\frac{5}{3}} i^{\frac{1}{2}}}{n\chi^{\frac{2}{3}}} \tag{5-1}$$

$$n = \frac{A^{\frac{5}{3}} i^{\frac{1}{2}}}{Q\chi^{\frac{2}{3}}} \tag{5-2}$$

式中：n 为糙率；Q 为流量，$m^3 \cdot s^{-1}$；A 为过水断面面积，m^2；i 为渠道纵坡；χ 为湿周，m。

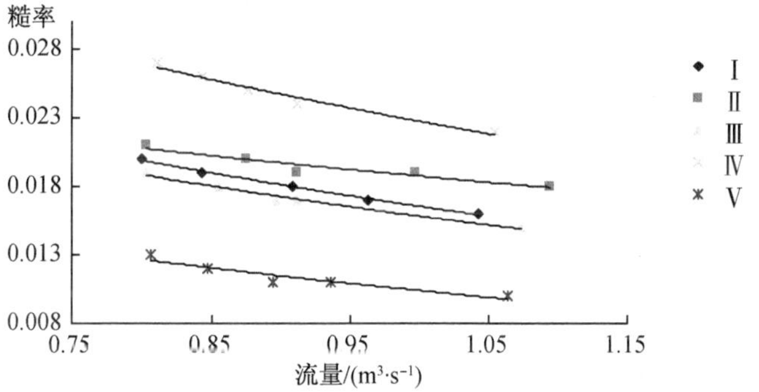

图5-5　船行灌区5种不同支渠流量与糙率的变化规律

注：Ⅰ代表渠底土工膜防渗＋干垒块挡墙的生态渠道；Ⅱ代表渠底土工膜防渗＋混凝土结合联锁块护坡的生态渠道；Ⅲ代表渠底土工膜防渗＋生态混凝土护坡；Ⅳ代表土渠；Ⅴ代表混凝土衬砌防渗渠道。

糙率与流量用对数函数拟合效果较好，即 $n=A\ln(Q)+B$，A、B 为系数。从图中线形分析可知：渠道流量从0.8～1.1 $m^3 \cdot s^{-1}$ 增大时，各类型渠道糙率相应的变化范围为土渠：0.027～0.022；生态防渗渠道：0.021～0.015；混凝土衬砌防渗渠道：0.013～0.010。从而得出混凝土衬砌防渗渠道的输水能力最好，其次是生态防渗渠道，最后是土渠。

2. 各类型渠道单位长度流量损失

通过对渠道上下游断面流速和断面过水面积的测定，分析这5种渠道的渗漏情况。各渠道断面所测数据见表5-1、表5-2。

表5-1 船行灌区各种类型渠道断面测量数据(支渠)

	Ⅰ	Ⅱ	Ⅲ	Ⅳ	Ⅴ
上游流速/($m \cdot s^{-1}$)	0.354	0.386	0.403	0.278	0.321
上游过水断面面积/m^2	2.507	2.541	2.376	2.930	2.405
下游流速/($m \cdot s^{-1}$)	0.344	0.375	0.385	0.235	0.312
下游过水断面面积/m^2	2.336	2.423	2.290	2.535	2.310
渠段长度/km	1.400	1.320	1.345	1.430	1.350
单位长度流量损失/($m^3 \cdot s^{-1} \cdot km^{-1}$)	0.060	0.055	0.056	0.153	0.038

注：Ⅰ、Ⅱ、Ⅲ、Ⅳ、Ⅴ代表同图5-5。

从表5-1中可以看出，土渠(Ⅳ)的单位长度流量损失最大，为0.153 $m^3 \cdot s^{-1} \cdot km^{-1}$，混凝土衬砌防渗渠道(Ⅴ)单位长度流量损失最小，为0.038 $m^3 \cdot s^{-1} \cdot km^{-1}$，3种生态防渗渠道的单位长度流量损失比较接近于混凝土衬砌防渗渠道。渠底土工膜防渗＋干垒块挡墙(Ⅰ)、渠底土工膜防渗＋混凝土结合联锁块护坡(Ⅱ)和渠底土工膜防渗＋生态混凝土护坡(Ⅲ)3种生态防渗渠道的单位长度流量损失分别为0.060 $m^3 \cdot s^{-1} \cdot km^{-1}$、0.055 $m^3 \cdot s^{-1} \cdot km^{-1}$和0.056 $m^3 \cdot s^{-1} \cdot km^{-1}$，分别比土渠损失减少60.8%、64.1%和63.4%。其中，渠底土工膜防渗＋混凝土结合联锁块护坡(Ⅱ)单位长度流量损失最小，防渗效果最好，其次是渠底土工膜防渗＋生态混凝土护坡(Ⅲ)，最后是渠底土工膜防渗＋干垒块挡墙(Ⅰ)。

表5-2 船行灌区各种类型渠道断面测量数据(斗渠)

	Ⅰ	Ⅱ	Ⅲ	Ⅳ	Ⅴ
上游流速/($m \cdot s^{-1}$)	0.331	0.325	0.355	0.216	0.234
上游过水断面面积/m^2	3.387	2.330	3.469	2.770	2.410
下游流速/($m \cdot s^{-1}$)	0.319	0.319	0.343	0.178	0.229
下游过水断面面积/m^2	3.254	2.221	3.350	2.595	2.365
渠段长度/km	1.375	1.327	1.376	1.280	1.250
单位长度流量损失/($m^3 \cdot s^{-1} \cdot km^{-1}$)	0.060	0.037	0.060	0.107	0.018

注：Ⅰ、Ⅱ、Ⅲ、Ⅳ、Ⅴ代表同图5-5。

从表5-2中可以看出，对于灌区斗渠而言，土渠（Ⅳ）的单位长度流量损失最大，为0.107 $m^3 \cdot s^{-1} \cdot km^{-1}$；混凝土衬砌防渗渠道（Ⅴ）单位长度流量损失最小，为0.018 $m^3 \cdot s^{-1} \cdot km^{-1}$，3种生态防渗渠道的单位长度流量损失比较接近于混凝土衬砌防渗渠道。渠底土工膜防渗＋干垒块挡墙（Ⅰ）、渠底土工膜防渗＋混凝土结合联锁块护坡（Ⅱ）和渠底土工膜防渗＋生态混凝土护坡（Ⅲ）3种生态防渗渠道的单位长度流量损失分别为0.060 $m^3 \cdot s^{-1} \cdot km^{-1}$、0.037 $m^3 \cdot s^{-1} \cdot km^{-1}$和0.060 $m^3 \cdot s^{-1} \cdot km^{-1}$，分别比土渠损失减少43.9%、65.4%和43.9%。其中，渠底土工膜防渗＋混凝土结合联锁块护坡（Ⅱ）单位长度流量损失最小，防渗效果最好，其次是渠底土工膜防渗＋生态混凝土护坡（Ⅲ），最后是渠底土工膜防渗＋干垒块挡墙（Ⅰ）。

3. 各类型渠道节水效果统计分析

渠道输水损失可用计算和实测的方法确定。理论公式的计算结果只是近似数值。经验公式根据一些实测数据统计得到，但在应用时各渠道的具体条件不会完全一致。在缺少实测数据的情况下，采用《灌溉与排水工程设计规范》（GB 50288—2018）中的公式计算。

渠道渗漏损失率：

$$\delta = \frac{1}{L}\frac{Q_{上} - Q_{下}}{Q_{上}} \tag{5-3}$$

渠道水利用系数：

$$\eta = 1 - \delta L \tag{5-4}$$

式中，$Q_{上}$为流入上断面的流量，$m^3 \cdot s^{-1}$；$Q_{下}$为流入下断面的流量，$m^3 \cdot s^{-1}$；L为渠段长度，km；δ为渠道渗漏损失率；η为渠道水利用系数。

对测流段长度、测流断面流量、渠道土质及开挖形式进行统计，计算出渠道测流段单位长度渗漏损失率，然后取其平均值，根据渠道单位长度渗漏损失率δ与渠道水利用系数η之间的关系，得到渠道水利用系数η。

渠道水利用系数与渠道的长度、渠道的流量、沿渠衬砌情况、水文地质条件等诸多因素有关。表5-3、图5-6、图5-7反映了支渠衬砌情况对渠道单位长度渗漏损失率的影响，衬砌后渠道渗漏损失率明显减小。混凝土衬砌防渗渠道（Ⅴ）的防渗效果最好，其次是渠底土工膜防渗＋混凝土结合联锁块护坡的生态渠道（Ⅱ）、渠底土工膜防渗＋生态混凝土护坡（Ⅲ）、渠底土工膜防渗＋干垒块挡墙的生态渠道（Ⅰ），最后是土渠（Ⅳ）。生态防渗渠道防渗效果接近于混凝土衬砌防渗渠道。

相较于土渠，生态防渗渠道（Ⅰ、Ⅱ、Ⅲ）渗漏损失率分别减少了64.1%、

70.3%、68.6%，渠道水利用系数分别提高了 23.8%、26.7%、26.0%。相较于混凝土衬砌防渗渠道，生态防渗渠道（Ⅰ、Ⅱ、Ⅲ）渗漏损失率分别增加了 37.2%、13.3%、19.7%，渠道水利用系数分别减少了 3.1%、0.9%、1.4%。3 种生态防渗渠道中，渠底土工膜防渗＋混凝土结合联锁块护坡（Ⅱ）的渠道渗漏损失率最小，渠道水利用系数最高，防渗效果最好，其次是渠底土工膜防渗＋生态混凝土护坡（Ⅲ），最后是渠底土工膜防渗＋干垒块挡墙（Ⅰ）。

表 5-3　船行灌区 5 种类型渠道防渗节水效果统计分析表（支渠）

	Ⅰ	Ⅱ	Ⅲ	Ⅳ	Ⅴ
上游流量/($m^3 \cdot s^{-1}$)	0.887	0.981	0.958	0.815	0.772
下游流量/($m^3 \cdot s^{-1}$)	0.804	0.909	0.882	0.596	0.721
渠段长度/m	1.400	1.320	1.345	1.430	1.350
渠道渗漏损失率/%	6.752	5.577	5.892	18.786	4.921
渠道水利用系数	0.905	0.926	0.921	0.731	0.934

注：Ⅰ、Ⅱ、Ⅲ、Ⅳ、Ⅴ代表同图 5-5。

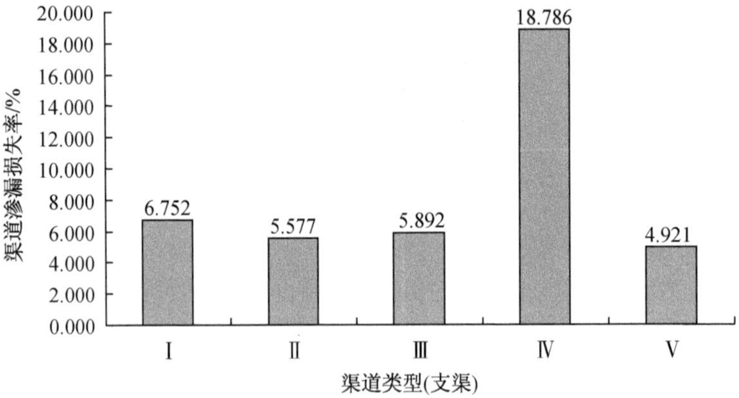

图 5-6　船行灌区 5 种不同类型渠道的渠道渗漏损失率的对比图（支渠）

注：Ⅰ、Ⅱ、Ⅲ、Ⅳ、Ⅴ代表同图 5-5。

表 5-4、图 5-8、图 5-9 反映了斗渠的衬砌情况对渠道单位长度渗漏损失率的影响，衬砌后渠道渗漏损失率明显减小。混凝土衬砌防渗渠道（Ⅴ）的防渗效果最好，其次是渠底土工膜防渗＋混凝土结合联锁块护坡的生态渠道（Ⅱ）、渠底土工膜防渗＋生态混凝土护坡（Ⅲ）、渠底土工膜防渗＋干垒块挡墙的生态渠道（Ⅰ），最后是土渠（Ⅳ）。生态防渗渠道的防渗效果接近于混凝土衬砌防渗渠道。

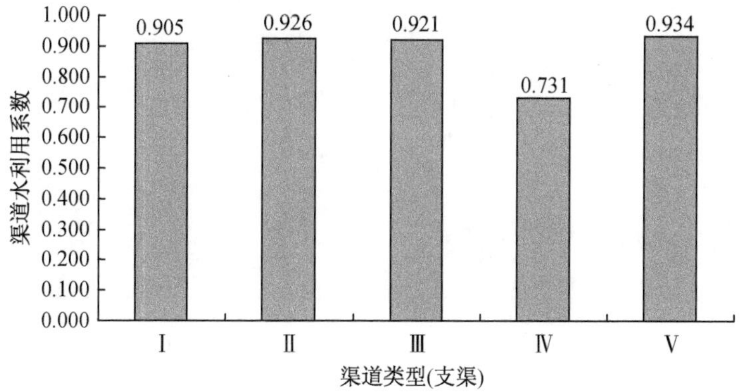

图 5-7　船行灌区 5 种不同类型渠道的渠道水利用系数的对比图(支渠)

注：Ⅰ、Ⅱ、Ⅲ、Ⅳ、Ⅴ代表同图 5-5。

表 5-4　船行灌区 5 种类型渠道防渗节水效果统计分析表(斗渠)

	Ⅰ	Ⅱ	Ⅲ	Ⅳ	Ⅴ
上游流量/($m^3 \cdot s^{-1}$)	1.121	0.757	1.231	0.598	0.564
下游流量/($m^3 \cdot s^{-1}$)	1.038	0.708	1.149	0.462	0.542
渠段长度/m	1.375	1.327	1.376	1.280	1.250
渠道渗漏损失率/%	5.389	4.851	4.865	17.812	3.171
渠道水利用系数	0.926	0.936	0.933	0.772	0.960

注：Ⅰ、Ⅱ、Ⅲ、Ⅳ、Ⅴ代表同图 5-5。

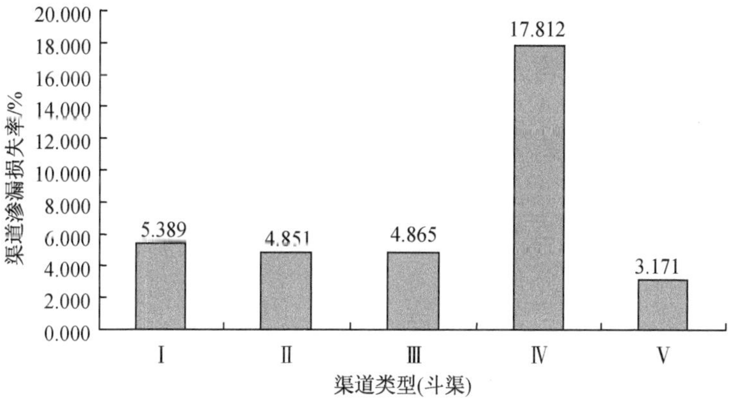

图 5-8　船行灌区 5 种不同类型渠道的渠道渗漏损失率的对比图(斗渠)

注：Ⅰ、Ⅱ、Ⅲ、Ⅳ、Ⅴ代表同图 5-5。

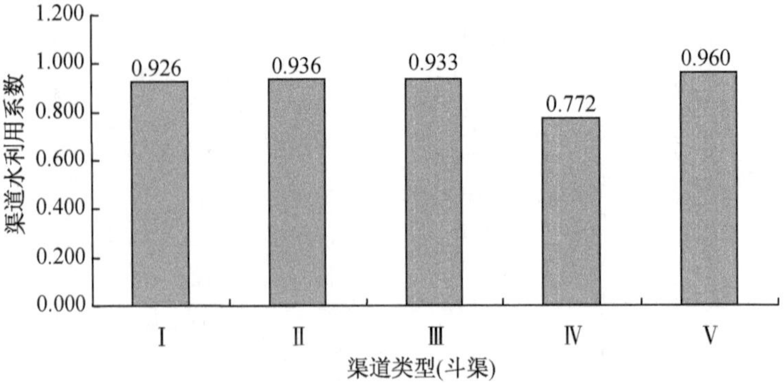

图 5-9　船行灌区 5 种不同类型渠道的渠道渗漏损失率的对比图(斗渠)

注：Ⅰ、Ⅱ、Ⅲ、Ⅳ、Ⅴ代表同图 5-5。

相较于土渠，生态防渗渠道(Ⅰ、Ⅱ、Ⅲ)渗漏损失率比土渠分别减少了 69.7%、72.8%、72.7%，渠道水利用系数分别提高了 19.9%、21.2%、20.9%。相较于混凝土衬砌防渗渠道，生态防渗渠道(Ⅰ、Ⅱ、Ⅲ)渗漏损失率比混凝土衬砌防渗渠道分别增加了 69.9%、53.0%、53.3%，渠道水利用系数分别减少了 3.5%、2.5%、2.8%。3 种生态防渗渠道中渠底土工膜防渗＋混凝土结合联锁块护坡(Ⅱ)的渠道渗漏损失率最小，渠道水利用系数最高，防渗效果最好，其次是渠底土工膜防渗＋生态混凝土护坡(Ⅲ)，最后是渠底土工膜防渗＋干垒块挡墙(Ⅰ)。

(二) 来龙灌区试验结果与分析

1. 各类型衬砌渠道糙率与流量的关系统计分析

5 种衬砌类型渠道在不同流量下糙率的变化规律见图 5-10。其中，Ⅰ代表渠底土工膜防渗＋干垒块挡墙的生态渠道；Ⅱ代表渠底土工膜防渗＋混凝土结合联锁块护坡的生态渠道；Ⅲ代表渠底土工膜防渗＋生态混凝土护坡；Ⅳ代表土渠；Ⅴ代表混凝土衬砌防渗渠道。

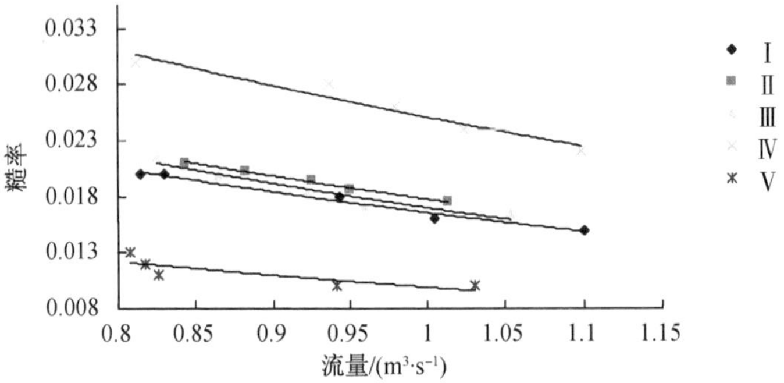

图 5-10　来龙灌区 5 种不同类型衬砌支渠流量与糙率的变化规律

注：Ⅰ、Ⅱ、Ⅲ、Ⅳ、Ⅴ代表同图 5-5。

由图 5-10 可知，糙率与流量用对数函数拟合的关系较好，即 $n=A\ln(Q)+B$，A、B 为系数。从图中线形分析可知：流量从 0.8～1.1 $m^3 \cdot s^{-1}$增大时，糙率相应的变化范围为土渠：0.030～0.022；生态防渗渠道：0.022～0.015；混凝土衬砌防渗渠道：0.013～0.010。可以得出其他条件相同的情况下，混凝土衬砌防渗渠道的输水能力最好，其次是生态防渗渠道，最后是土渠。

2. 渠道的单位长度流量损失统计分析

通过对上下游断面流速和断面过水面积的测定，来分析这 5 种渠道的渗漏情况。各渠道断面所测数据见表 5-5、表 5-6。

从表 5-5 中可以看出，5 种衬砌类型的支渠中，土渠（Ⅳ）的单位长度流量损失最大，为 0.103 $m^3 \cdot s^{-1} \cdot km^{-1}$；混凝土衬砌防渗渠道（Ⅴ）的单位长度流量损失最小，为 0.020 $m^3 \cdot s^{-1} \cdot km^{-1}$；渠底土工膜防渗＋干垒块挡墙（Ⅰ）、渠底土工膜防渗＋混凝土结合联锁块护坡（Ⅱ）和渠底土工膜防渗＋生态混凝土护坡（Ⅲ）3 种生态防渗渠道的单位长度流量损失，分别为 0.055 $m^3 \cdot s^{-1} \cdot km^{-1}$、0.052 $m^3 \cdot s^{-1} \cdot km^{-1}$和 0.053 $m^3 \cdot s^{-1} \cdot km^{-1}$，分别比土渠损失减少 46.6%、49.5%和 48.5%。混凝土衬砌防渗渠道的防渗效果最好，3 种生态防渗渠道次之，但两者相差不大。3 种生态防渗渠道中渠底土工膜防渗＋混凝土结合联锁块护坡（Ⅱ）单位长度流量损失最小，防渗效果最好，其次是渠底土工膜防渗＋生态混凝土护坡（Ⅲ），最后是渠底土工膜防渗＋干垒块挡墙（Ⅰ）。

表 5-5　来龙灌区各种类型渠道断面测量数据（支渠）

	Ⅰ	Ⅱ	Ⅲ	Ⅳ	Ⅴ
上游流速/($m \cdot s^{-1}$)	0.321	0.359	0.341	0.212	0.255
上游过水断面面积/m^2	2.590	3.645	3.529	2.830	2.220
下游流速/($m \cdot s^{-1}$)	0.310	0.347	0.327	0.183	0.246
下游过水断面面积/m^2	2.426	3.556	3.450	2.546	2.182
渠段长度/km	1.430	1.443	1.431	1.301	1.480
单位长度流量损失/($m^3 \cdot s^{-1} \cdot km^{-1}$)	0.055	0.052	0.053	0.103	0.020

注：Ⅰ、Ⅱ、Ⅲ、Ⅳ、Ⅴ代表同图 5-5。

从表 5-6 中可以看出，不同衬砌类型的斗渠中，土渠（Ⅳ）的单位长度流量损失最大为 0.082 $m^3 \cdot s^{-1} \cdot km^{-1}$；混凝土衬砌防渗渠道（Ⅴ）单位长度流量损失最小为 0.016 $m^3 \cdot s^{-1} \cdot km^{-1}$；渠底土工膜防渗＋干垒块挡墙（Ⅰ）、渠底土工膜防渗＋混凝土结合联锁块护坡（Ⅱ）和渠底土工膜防渗＋生态混凝土护坡（Ⅲ）3 种生态防渗渠道的单位长度流量损失，分别为 0.048 $m^3 \cdot s^{-1} \cdot km^{-1}$、0.029 $m^3 \cdot s^{-1} \cdot km^{-1}$和 0.046 $m^3 \cdot s^{-1} \cdot km^{-1}$，分别比土渠损失减少 41.5%、

64.6%和 43.9%。因此混凝土衬砌防渗渠道的防渗效果最好，3 种生态渠道次之，但两者相差不大。3 种生态防渗渠道中渠底土工膜防渗＋混凝土结合联锁块护坡（Ⅱ）单位长度流量损失最小，防渗效果最好，其次是渠底土工膜防渗＋生态混凝土护坡（Ⅲ），最后是渠底土工膜防渗＋干垒块挡墙（Ⅰ）。

表 5-6　来龙灌区 5 种类型渠道断面测量数据（斗渠）

	Ⅰ	Ⅱ	Ⅲ	Ⅳ	Ⅴ
上游流速/($m \cdot s^{-1}$)	0.322	0.306	0.328	0.196	0.211
上游过水断面面积/m^2	3.326	2.290	3.245	2.450	2.229
下游流速/($m \cdot s^{-1}$)	0.317	0.300	0.320	0.161	0.203
下游过水断面面积/m^2	3.173	2.210	3.137	2.340	2.200
渠段长度/km	1.360	1.282	1.325	1.260	1.480
单位长度流量损失/($m^3 \cdot s^{-1} \cdot km^{-1}$)	0.048	0.029	0.046	0.082	0.016

注：Ⅰ、Ⅱ、Ⅲ、Ⅳ、Ⅴ代表同图 5-5。

3. 各衬砌类型渠道节水效果统计分析

渠道输水损失可用计算和实测的方法确定。来龙灌区支渠数据整理与计算结果见表 5-7、图 5-11、图 5-12。

表 5-7　来龙灌区 5 种类型渠道防渗节水效果统计分析表（支渠）

	Ⅰ	Ⅱ	Ⅲ	Ⅳ	Ⅴ
上游流量/($m^3 \cdot s^{-1}$)	0.831	1.309	1.203	0.600	0.566
下游流量/($m^3 \cdot s^{-1}$)	0.752	1.234	1.128	0.466	0.537
渠段长度/m	1.430	1.443	1.431	1.301	1.480
渠道渗漏损失率/%	6.673	3.952	4.369	17.173	3.500
渠道水利用系数	0.905	0.943	0.937	0.777	0.948

注：Ⅰ、Ⅱ、Ⅲ、Ⅳ、Ⅴ代表同图 5-5。

表 5-7、图 5-11、图 5-12 反映了来龙灌区支渠的衬砌情况对渠道单位长度渗漏损失率的影响，衬砌后渠道渗漏损失率明显减小；由于采用公式 $\eta=1-\delta L$ 估算渠道水利用系数，因此渠道长度对渠道水利用系数 η 的影响较大，当 δ 一定时，η 与 L 为线性关系。

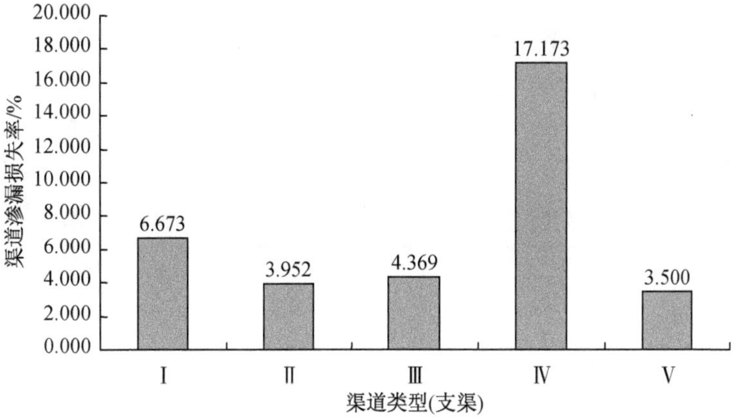

图 5-11　来龙灌区 5 种不同类型渠道的渠道渗漏损失率的对比图

注：Ⅰ、Ⅱ、Ⅲ、Ⅳ、Ⅴ代表同图 5-5。

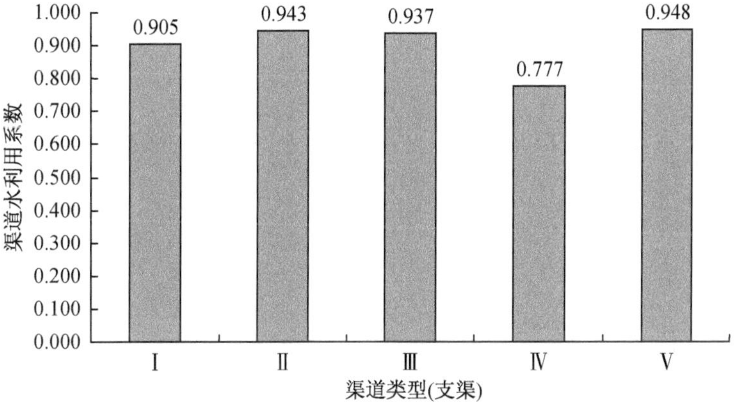

图 5-12　来龙灌区 5 种不同类型渠道的渠道水利用系数的对比图

注：Ⅰ、Ⅱ、Ⅲ、Ⅳ、Ⅴ代表同图 5-5。

从图表中得出混凝土衬砌防渗渠道（Ⅴ）的防渗效果最好，其次是渠底土工膜防渗＋混凝土结合联锁块护坡的生态渠道（Ⅱ）、渠底土工膜防渗＋生态混凝土护坡（Ⅲ）、渠底土工膜防渗＋干垒块挡墙的生态渠道（Ⅰ），最后是土渠（Ⅳ）。生态防渗渠道的防渗效果接近于混凝土衬砌防渗渠道。

相较于土渠，生态防渗渠道（Ⅰ、Ⅱ、Ⅲ）渗漏损失率分别减少了 61.1%、77.0%、74.6%，渠道水利用系数分别提高了 16.5%、21.4%、20.6%；相较于混凝土衬砌防渗渠道，生态防渗渠道（Ⅰ、Ⅱ、Ⅲ）渗漏损失率分别增加了 90.7%、12.9%、24.8%，渠道水利用系数分别减少了 4.5%、0.5%、1.2%。其中，渠底土工膜防渗＋混凝土结合联锁块护坡（Ⅱ）渠道渗漏损失率最小，渠道水利用系数最高，防渗效果最好，其次是渠底土工膜防渗＋生态混凝土护坡（Ⅲ），最后是渠底土工膜防渗＋干垒块挡墙（Ⅰ）。

来龙灌区斗渠渠道单位长度渗漏损失率 δ 与渠道水利用系数 η 数据整理与计算结果见表 5-8、图 5-13、图 5-14。

表 5-8　来龙灌区 5 种类型渠道防渗节水效果统计分析表（斗渠）

	Ⅰ	Ⅱ	Ⅲ	Ⅳ	Ⅴ
上游流量/($m^3\cdot s^{-1}$)	1.071	0.701	1.064	0.480	0.470
下游流量/($m^3\cdot s^{-1}$)	1.006	0.663	1.004	0.377	0.447
渠段长度/m	1.360	1.282	1.325	1.260	1.480
渠道渗漏损失率/%	4.472	4.201	4.291	17.099	3.408
渠道水利用系数	0.939	0.946	0.943	0.785	0.950

注：Ⅰ、Ⅱ、Ⅲ、Ⅳ、Ⅴ代表同图 5-5。

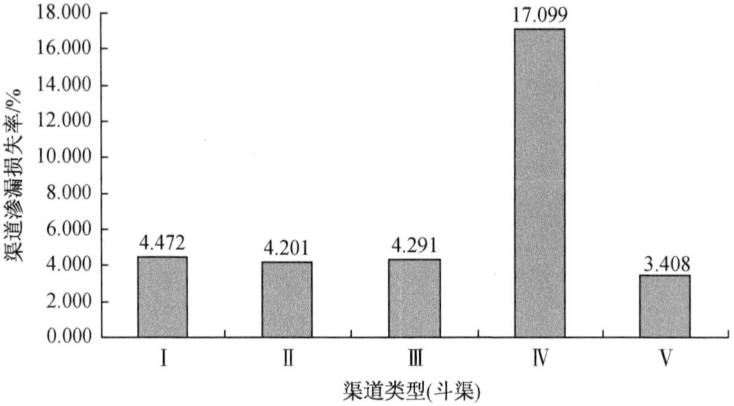

图 5-13　来龙灌区 5 种不同类型渠道的渠道渗漏损失率的对比图（斗渠）

注：Ⅰ、Ⅱ、Ⅲ、Ⅳ、Ⅴ代表同图 5-5。

表 5-8、图 5-13、图 5-14 反映了斗渠的衬砌情况对渠道单位长度渗漏损失率的影响，衬砌后渠道渗漏损失率明显减小。混凝土衬砌防渗渠道（Ⅴ）的防渗效果最好，其次是渠底土工膜防渗＋混凝土结合联锁块护坡的生态渠道（Ⅱ）、渠底土工膜防渗＋生态混凝土护坡（Ⅲ）、渠底土工膜防渗＋干垒块挡墙的生态渠道（Ⅰ），最后是土渠（Ⅳ）。生态防渗渠道的防渗效果接近于混凝土衬砌防渗渠道。

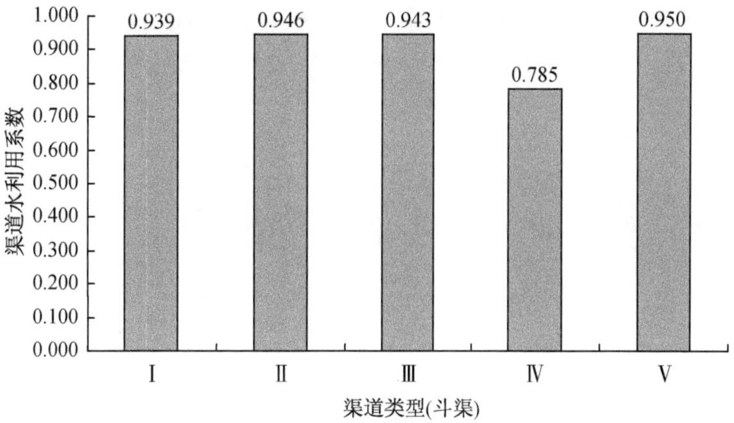

图 5-14　来龙灌区 5 种不同类型渠道的渠道水利用系数的对比图(斗渠)

注：Ⅰ、Ⅱ、Ⅲ、Ⅳ、Ⅴ代表同图 5-5。

相较于土渠，生态防渗渠道（Ⅰ、Ⅱ、Ⅲ）渗漏损失率分别减少了 73.8%、75.4%、74.9%，渠道水利用系数分别提高了 19.6%、20.5%、20.1%；相较于混凝土衬砌防渗渠道，生态防渗渠道（Ⅰ、Ⅱ、Ⅲ）渗漏损失率分别增加了 31.2%、23.3%、25.9%，渠道水利用系数分别减少了 1.2%、0.4%、0.7%。3 种生态防渗渠道中渠底土工膜防渗＋混凝土结合联锁块护坡（Ⅱ）的渗漏损失率最小，渠道水利用系数最高，防渗效果最好，其次是渠底土工膜防渗＋生态混凝土护坡（Ⅲ），最后是渠底土工膜防渗＋干垒块挡墙（Ⅰ）。

三、渠道生态防渗技术模式及防渗效果

由船行灌区和来龙灌区的试验结果可知，不同衬砌渠道防渗效果从好到差依次为：混凝土衬砌防渗渠道（Ⅴ）、渠底土工膜防渗＋混凝土结合联锁块护坡的生态渠道（Ⅱ）、渠底土工膜防渗＋生态混凝土护坡的生态渠道（Ⅲ）、渠底土工膜防渗＋干垒块挡墙的生态渠道（Ⅰ）、土渠（Ⅳ）；且试验区的 3 种生态防渗渠道防渗效果比较接近于混凝土衬砌防渗渠道。另外由于船行灌区的土壤主要为砂性土，来龙灌区的土壤为黏性土，来龙灌区的渠道渗漏损失比船行灌区的渠道渗漏损失要少，渠道水利用系数也比船行灌区要高。

在提高输水能力方面，相同条件下，生态防渗渠道的糙率系数比土渠小，可提高渠道的输水能力，减小渠道的断面尺寸，不生杂草，减少淤积，便于养护管理。

在提高渠系水的利用系数方面，防渗生态渠道比土渠减少渗漏损失水量 40%～60%以上；比土渠减少渗漏损失率 60%～75%，渠道水利用系数提高了 16%～22%。

在防止渠道发生冲刷和淤积方面，渠道防渗有防冲、防淤、防坍塌，稳定渠

道，保证输水安全的作用。对于传统土渠，为进行防渗，水的含沙量大、流速小，渠道淤积严重，不能充分发挥工程效益。渠道防渗后，流速加大，淤积量大大减少。

第二节　生态防渗渠道的生态效应

一、渠道防渗建设对渠道植物多样性的影响

传统的防渗渠道建设加重了农业生境(habitat)的破碎化。生境一词是由美国 Grinnell(1917)首先提出，其定义是生物出现的环境空间范围，一般指生物居住的地方，或是生物生活的生态地理环境。所谓生境破碎化是指一个大面积连续的生境，变成很多总面积较小的小斑块，斑块之间被与过去不同的背景基质所隔离。自然土渠改变了地形地貌，但从本质上没有改变土壤的连续性，没有阻隔农田生态系统的物质交换；土渠在建设上没有完全割断水与土壤之间的连接，可以生长一部分植物，也为物种流动提供了条件。但渠道经水泥衬砌之后，完全破坏了水土、土壤之间的空间联系，把渠道生境与非渠道生境从一个区域的生境总体中完全隔离开，造成生境的破碎化。生境的破碎化在减少野生动物栖息地面积的同时增加了生存于这类栖息地的动物种群的隔离，限制了种群的个体与基因的交换，减少了物种的遗传多样性，威胁着种群的生存力；降低了生物多样性，不利于农田天敌的保护和农业害虫的控制。

近年来在灌区改造的实施过程中，开始重视灌区的生态环境建设，尝试各种生态防渗形式，使渠道在防渗与生态保护方面实现了有机结合，工程效益十分显著，有广阔的推广空间。在分析渠道防渗工程建设对动植物生境的影响时，重点考虑对农田天敌的栖息、产卵等活动的影响，定期调查栖息在各防渗渠道中的动植物的种类和分布特征，对比各渠道内的物种类型和数量，分析渠道防渗形式与渠道内生物多样性的关系。

以宿迁船行灌区(砂性土壤为主)和来龙灌区(黏性土壤为主)的调查结果为例。

(1) 渠底土工膜防渗＋干垒块挡墙生态渠道(Ⅰ)中生物多样性的调查。这种生态渠道主要是采用不透水的土工织物(即土工膜)铺设在渠底表面，边坡采用干垒块挡墙护坡，干垒块的空隙中填土，为植物的生长提供生境条件。在2011年9月份的调查中，共发现3种植物，植被覆盖率达到15%以上。

(2) 渠底土工膜防渗+混凝土结合联锁块护坡生态渠道(Ⅱ)中生物多样性的调查。这种生态渠道是采用土工膜铺设在渠底表面,边坡采用混凝土结合联锁块护坡,在连锁块的空隙中回填素土,利于生物的生长。混凝土段渠道内无根生植物,仅有少量的普通水绵和紫萍。联锁块段有根生植物,共发现5种植物,植被覆盖率达到10%以上。

(3) 渠底土工膜防渗+生态混凝土护坡生态渠道(Ⅲ)中生物多样性的调查。这种生态渠道也是采用土工膜铺设在渠底表面,而边坡采用生态混凝土护坡。生态混凝土为植物的生长提供了生境条件,植被覆盖率达到30%。

(4) 自然土渠(Ⅳ)中的生物多样性调查。2011年和2012年9月对试验区的各渠道进行了植物的鉴定,自然土渠保持了原有的土壤水土界面,提供了利于植物生长的生境条件。在2011年9月的调查中,共发现杂草8种,覆盖度达到75%以上,主要优势种是千金子和稗草,另外有鸭舌草、两歧飘拂草、异型莎草、空心莲子草、小茨藻等。

(5) 混凝土衬砌防渗渠道(Ⅴ)中的生物多样性调查。由于整体采用预制混凝土板砌成,渠道内无根生植物,仅有少量的普通水绵和紫萍。可见,混凝土渠在保持了渠道较好的防渗、防冲能力的同时,其水土完全隔绝的形态结构不利于生物多样性的保护。

通过定期调查鉴定各单位长度渠道中植物的种类和分布特征,对比各衬砌类型渠道内的物种类型和数量,来分析渠道防渗形式与渠道内生物多样性的关系。各种类型渠道每千米长度植物种类及数量见表5-9~表5-12。

表5-9　来龙灌区支渠各种类型渠道每千米长度植物多样性表

	Ⅰ	Ⅱ	Ⅲ	Ⅳ	Ⅴ
渠道边坡植物种/(种·km^{-1})	3	5	6	8	0
渠道内植被数量/(株·km^{-1})	800	1 200	1 500	3 000	0

注:Ⅰ、Ⅱ、Ⅲ、Ⅳ、Ⅴ代表同图5-5。

表5-10　来龙灌区斗渠各种类型渠道每千米长度植物多样性表

	Ⅰ	Ⅱ	Ⅲ	Ⅳ	Ⅴ
渠道边坡植物种/(种·km^{-1})	3	5	6	8	0
渠道内植被数量/(株·km^{-1})	500	800	1 200	2 400	0

注:Ⅰ、Ⅱ、Ⅲ、Ⅳ、Ⅴ代表同图5-5。

表 5-11　船行灌区支渠各种类型渠道每千米长度植物多样性表

	Ⅰ	Ⅱ	Ⅲ	Ⅳ	Ⅴ
渠道边坡植物种/(种·km^{-1})	3	5	6	8	0
渠道内植被数量/(株·km^{-1})	800	1 200	1 500	2 900	0

注：Ⅰ、Ⅱ、Ⅲ、Ⅳ、Ⅴ代表同图 5-5。

表 5-12　船行灌区斗渠各种类型渠道每千米长度植物多样性表

	Ⅰ	Ⅱ	Ⅲ	Ⅳ	Ⅴ
渠道边坡植物种/(种·km^{-1})	3	5	6	8	0
渠道内植被数量/(株·km^{-1})	600	700	1 200	2 500	0

注：Ⅰ、Ⅱ、Ⅲ、Ⅳ、Ⅴ代表同图 5-5。

从表 5-9～表 5-12 中可以看出，土渠（Ⅳ）单位长度的植物种类及数量都位居首位，主要因为土渠渗漏比较大，因此渠道边坡的植被就长得比较茂盛，同时种类也繁多。混凝土渠道（Ⅴ）由于边坡和渠底都是混凝土防渗，虽然防渗效果很好，边坡却没有植物。渠底土工膜防渗＋干垒块挡墙（Ⅰ）、渠底土工膜防渗＋混凝土结合联锁块护坡（Ⅱ）和渠底土工膜防渗＋生态混凝土护坡（Ⅲ）3 种生态防渗渠道的边坡植物种类虽然没有土渠的多，但其水土并没有完全隔绝，故也长出很多植被。

二、防渗渠道的建设对渠道动物多样性的影响

动物的各种行为、种群动态及群落结构都与其生境密切相关，当一种动物生活的生境中的资源（如食物、隐蔽物、水）、环境条件（温度、雨量、捕食及竞争者等）发生改变时，这一种群可能会发生迁徙，重新选择合适的生境。在试验渠道内的青蛙、蜻蜓幼虫及蛇等天敌及其他生物在渠道生境与非渠道生境迁移的过程中，自然的土渠起到一个“生物廊道”的作用。动物本身的生活特性以及对生境的选择性，使动物群落之间以及动物与环境之间不断迁徙。混凝土防渗渠道建设阻断了生境之间的联系，使动物在迁徙的过程中受到阻碍。同时在整个农业生态系统中，各子系统之间是相互联系、相互依存的，混凝土防渗渠道建设也切断了生态系统内部物质和能量流动。而生态防渗渠道在起到防渗作用的同时还保留了动物生存的生境条件，减少了对生物多样性的破坏。

以宿迁船行灌区（砂性土壤为主）和来龙灌区（黏性土壤为主）的调查结果为例。

(1) 渠底土工膜防渗＋干垒块挡墙生态渠道（Ⅰ）中的生物多样性的调查。渠底土工膜防渗＋干垒块挡墙的生态渠道为动物的生长提供一定的生境条件，

主要发现的动物有稻飞虱、青蛙、蜻蜓幼虫、蛇和蜘蛛等。

(2) 渠底土工膜防渗+混凝土结合联锁块护坡的生态渠道(Ⅱ)中的生物多样性的调查。在该种生态渠道在混凝土渠道段发现的动物很少，动物主要栖息在联锁块渠道段，主要有青蛙、蜻蜓幼虫、蛇和蜘蛛等。

(3) 渠底土工膜防渗+生态混凝土护坡的生态渠道(Ⅲ)中的生物多样性的调查。在这种生态渠道调查中主要发现的动物有稻飞虱、青蛙、蜻蜓幼虫、蛇和蜘蛛等，其数量较多。

(4) 自然土渠(Ⅳ)中的生物多样性调查。自然土渠保持了原有的土壤水土界面，提供了利于植物生长的生境条件，且植被覆盖度较高，达到75%以上，由于植被的覆盖度较高，使动物缺少生存栖息的空间和阳光等条件，在调查中土渠中的水生动物很少，主要发现的动物有稻飞虱、青蛙、蜻蜓幼虫、蛇和蜘蛛等。

(5) 混凝土衬砌防渗渠道(Ⅴ)中的生物多样性调查。混凝土渠道边附有螺蛳和蚂蟥。可见，混凝土渠在保持了较好的防渗、防冲能力的同时，其水土完全隔绝的形态结构不利于生物多样性的保护；混凝渠壁较为光滑，也不利于田块间的动物迁移，孤立了田与田的联系。

渠道是很多动物的栖息地，特别是在农田施药之后，很多生物都会栖息到渠道中，比如青蛙、蟾蜍、昆虫等。因此一个渠道的构造、形态与渠道生物多样性息息相关。定期调查鉴定栖息在各单位长度渠道中的动物的种类和分布特征，对比各渠道内的物种类型和数量，能够分析得出渠道防渗形式与渠道内生物多样性的关系。各种类型渠道每千米长度动物种类及数量见表5-13～表5-16。

表5-13　来龙灌区支渠各种类型渠道每千米长度动物多样性表

	Ⅰ	Ⅱ	Ⅲ	Ⅳ	Ⅴ
渠道边坡动物种类/(类·km^{-1})	4	4	4	6	2
渠道边坡动物数量/(只·km^{-1})	150	300	600	1 000	50

注：Ⅰ、Ⅱ、Ⅲ、Ⅳ、Ⅴ代表同图5-5。

表5-14　来龙灌区斗渠各种类型渠道每千米长度动物多样性表

	Ⅰ	Ⅱ	Ⅲ	Ⅳ	Ⅴ
渠道边坡动物种类/(类·km^{-1})	4	4	4	6	2
渠道边坡动物数量/(只·km^{-1})	100	200	400	800	40

注：Ⅰ、Ⅱ、Ⅲ、Ⅳ、Ⅴ代表同图5-5。

表 5-15　船行灌区支渠各种类型渠道每千米长度动物多样性表

	Ⅰ	Ⅱ	Ⅲ	Ⅳ	Ⅴ
渠道边坡动物种类/(类・km^{-1})	4	4	4	6	2
渠道边坡动物数量/(只・km^{-1})	180	320	550	1 000	50

注：Ⅰ、Ⅱ、Ⅲ、Ⅳ、Ⅴ代表同图 5-5。

表 5-16　船行灌区斗渠各种类型渠道每千米长度动物多样性表

	Ⅰ	Ⅱ	Ⅲ	Ⅳ	Ⅴ
渠道边坡动物种类/(类・km^{-1})	4	4	4	6	2
渠道边坡动物数量/(只・km^{-1})	160	280	500	850	40

注：Ⅰ、Ⅱ、Ⅲ、Ⅳ、Ⅴ代表同图 5-5。

从表 5-13～表 5-16 中可以看出，单位长度土渠(Ⅳ)中的动物的种类及数量都位居首位，主要因为土渠里也长了很多植物，吸引了很多小动物在土渠里栖息繁殖。混凝土渠道(Ⅴ)由于边坡和渠底都是混凝土防渗，虽然防渗效果很好，但渠道里的环境不利于小动物的栖息和繁殖。渠底土工膜防渗＋干垒块挡墙(Ⅰ)、渠底土工膜防渗＋混凝土结合联锁块护坡(Ⅱ)和渠底土工膜防渗＋生态混凝土护坡(Ⅲ)三种生态防渗渠道里均为动物的生存提供了一定的生境。

三、生态防渗渠道的生境改善意义

随着环境变化的加剧，水资源短缺日趋严峻，因此做好渠道的衬砌防渗工作尤为迫切。千百年来，人在与自然的和谐相处中生存下来，这足以证明在渠道衬砌中不能一味追求工程的经济效益和寿命而采取硬化渠道的方式，应该在渠道防渗中充分考虑对生态环境的影响，采用新型材料结合传统土料防渗，最大可能地保护现有生态链的完整性，达到自然和人的和谐相处。生态衬砌技术能够极大地改善当地的生态环境，对于保持生物的多样性具有显著作用。

生态防渗渠道弥补了传统防渗渠道对渠道生境的负面影响，具有节水和生态环保的双重效果。生态防渗渠道创造了适宜的生物栖息环境，构建了渠道生物与外界沟通的生物渠道，达到生态平衡。以船行灌区支渠为例，相较于混凝土衬砌防渗渠道(无植物生长)，生态防渗渠道(Ⅰ、Ⅱ、Ⅲ)的边坡植物种类提高 3～6 种・km^{-1}，渠道内植被数量提高 800～1 500 株・km^{-1}；渠道边坡小动物种类提高 100%，渠道内边坡小动物数量分别提高 260%、540%、1 000%。图 5-15～图 5-20 为 5 种渠道中的动植物情况。

图 5-15　土渠的植被情况

图 5-16　混凝土衬砌防渗渠道的植被情况

图 5-17　渠底土工膜防渗+混凝土结合联锁块护坡的生态渠道的植被情况

图 5-18　渠底土工膜防渗+干垒块挡墙生态渠道的植被情况

图 5-19　渠底土工膜防渗+生态混凝土护坡的生态渠道植被情况

图 5-20　生态防渗渠道中的小动物情况

第三节　渠道生态防渗技术综合评价与推广

一、生态防渗渠道综合评价及优选

在灌区节水改造中，渠道生态防渗技术已得到广泛的应用推广，其综合效应如何，尚未见系统评价。因此，对灌区生态防渗渠道进行综合评价具有重要意义。

综合评价是指对已经完成的项目或规划的目的、执行过程、效益、作用和影响所进行的系统的客观的分析。通过对投资活动实践的检查总结，确定投资预期的目标是否达到，项目或规划是否合理有效，项目的主要效益指标是否实现，通过分析评价找出成败的原因，总结经验教训，并通过及时有效的信息反馈，为未来项目的决策和提高完善投资决策管理水平提出建议，同时也为被评项目实施运营中出现的问题提出改进建议，从而达到提高投资效益的目的。

（一）项目目标评价

对宿迁市灌区生态渠道防渗工程进行目标评价涉及两方面的数据，首先是宿迁市灌区渠道生态防渗工程本身的数据，通过实地调查收集和相关报告论文收集获得；其次是宿迁市灌区渠道生态防渗工程指标数据的最低值和基准值，它是通过对专家意见、有关国家规定和其他行业的情况综合考虑得到的。比如“环境质量指标率”这个指标，最低值可以通过国家相关的环境法规来确定。

通过百分制将评价结果综合。将实现目标的程度用“优”“良”“中”“差”这几个等级表示，分别用“100”“80”“60”“40”来代替。由于指标值、最低值和基准值的计量单位相同，而且通过将指标值与最低值和基准值用模糊函数比较来做评价，所以其中涉及的数据无需标准化处理。

1. 宿迁市灌区渠道生态防渗工程评价指标的构建

本节对宿迁市灌区渠道生态防渗技术目标评价采用国际上惯用的逻辑框架法，以实现对目标、目的、产出和投入四个方面的评价。利用事物之间的因果关系，即“如果”提供了某种条件，“那么”就会产生某种结果，这些条件包括目标内在的影响因素和实现目标所需的外部条件。将项目的关键要素组合起来分析其之间的因果关系与逻辑关系，从项目目标、目的的确定及相应保证措施来评价投资活动，从而达到对项目的清晰描述、得到明确结论的目的。逻辑框架法中的垂直逻辑因果关系如图 5-21 所示，构建的工程目标评价指标如表 5-17 所示。以下结果分析均以宿迁市船行灌区为例。

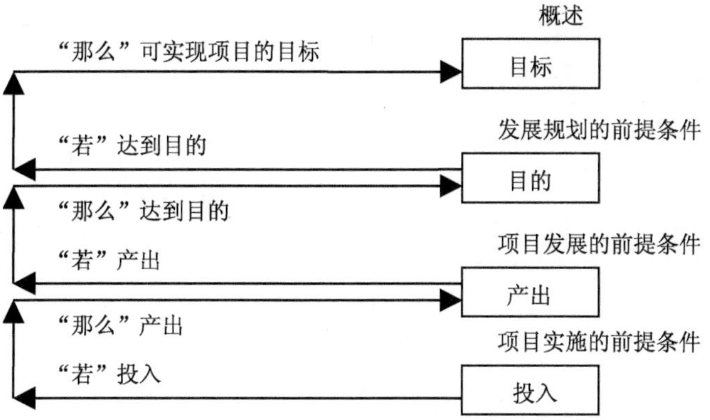

图 5-21　垂直逻辑因果关系框架图

表 5-17　宿迁市灌区渠道生态防渗工程评价指标体系

一级指标	二级指标	单项评价指标
项目宏观目标(A)	促进社会发展程度(A1)	社会效益(A11)
		环境改善程度(A12)
	促进经济发展程度(A2)	灌区经济发展程度(A21)
	环境影响程度(A3)	环境质量指标率(A31)
		受益范围和项目区土地面积比(A32)
项目目的(B)	渠道防渗节水增效(B1)	渠道渗漏损失率(B11)
		渠道水利用系数(B12)
		糙率(B13)
	经济效益(B2)	工程成本(B21)
		节水效益(B22)
		施工工艺(B23)
	生态效益(B3)	渠道生物多样性(B31)
		景观效益(B32)
项目产出(C)	质量管理(C1)	质量优良率(C11)
	内部管理(C2)	完工验收(C21)
		工程安全管理(C22)
		完工准时性(C23)

续 表

一级指标	二级指标	单项评价指标
项目投入(D)	资金投入(D1)	完工金额比(D11)
		预算执行率(D12)
	其他投入(D2)	施工人员素质(D21)
		材料检验(D22)
		工程检验(D23)

2. 宿迁市灌区渠道生态防渗工程目标评价指标权重的确定

宿迁市灌区渠道生态防渗工程评价指标共分为三层，第一层按逻辑框架法的分法分为项目宏观目标、项目目的、项目产出及项目投入四项指标。第三层一共包括22个分类评价指标，对各因素的相对重要性用数值形式给出判断，并写成矩阵形式。以准则层为例，列出指标两两矩阵，如表5-18所示。

表5-18 准则层矩阵

总目标	项目宏观目标(A)	项目目的(B)	项目产出(C)	项目投入(D)
项目宏观目标(A)	1			
项目目的(B)		1		
项目产出(C)			1	
项目投入(D)				1

宿迁市灌区渠道生态防渗工程评价指标体系是一个具有多层次、多指标，并且各自相对重要性不同的复合体系。科学确定其权重是该项目目标评价中的一个重点。层次分析法通过构造判断矩阵，先对单层指标进行权重计算，然后进行层次间的指标总排序，来确定所有指标相对于总指标的相对权重。从指标权重集表中可知，因为本小节评价的是目标，所以权重最大的是项目宏观目标和项目目的这两项。具体指标的权重如表5-19、表5-20所示。

表5-19 宿迁市灌区渠道生态防渗工程各指标权重集

评价角度	项目宏观目标	项目目的	项目产出	项目投入
权重	0.435	0.286	0.182	0.097

表 5-20　宿迁市灌区渠道生态防渗工程各单项指标权重

一级指标	二级指标	单项评价指标	各指标层指标相对于准则层指标的权重
项目宏观目标(A)	促进社会发展程度(A1)	社会效益(A11)	0.104
		环境改善程度(A12)	0.087
	促进经济发展程度(A2)	灌区经济发展程度(A21)	0.158
	环境影响程度(A3)	环境质量指标率(A31)	0.043
		受益范围和项目区土地面积比(A32)	0.043
项目目的(B)	渠道防渗节水增效(B1)	渠道渗漏损失率(B11)	0.050
		渠道水利用系数(B12)	0.050
		糙率(B13)	0.050
	经济效益(B2)	工程成本(B21)	0.027
		节水效益(B22)	0.016
		施工工艺(B23)	0.027
	生态效益(B3)	渠道生物多样性(B31)	0.050
		景观效益(B32)	0.016
项目产出(C)	质量管理(C1)	质量优良率(C11)	0.078
	内部管理(C2)	完工验收(C21)	0.035
		工程安全管理(C22)	0.027
		完工准时性(C23)	0.042
项目投入(D)	资金投入(D1)	完工金额比(D11)	0.030
		预算执行率(D12)	0.034
	其他投入(D2)	施工人员素质(D21)	0.010
		材料检验(D22)	0.013
		工程检验(D23)	0.010

将宿迁市灌区渠道生态防渗工程评价模型中各指标分为 4 个等级，每个等级代表实现目标的程度，由高到低排列如表 5-21 所示。其中的定性指标用专家调查法确定实现目标的程度。

表 5-21　宿迁市灌区渠道生态防渗工程指标标准

一级指标	二级指标	单项评价指标	优	良	中	差
项目宏观目标(A)	促进社会发展程度(A1)	社会效益(A11)	1.00	0.65	0.15	0
		环境改善程度(A12)	0.85	0.50	0.15	0
	促进经济发展程度(A2)	灌区经济发展程度(A21)	0.75	0.35	0.10	0
	环境影响程度(A3)	环境质量指标率(A31)	100%	85%	70%	55%
		受益范围和项目区土地面积比(A32)	50%	40%	30%	10%
项目目的(B)	渠道防渗节水增效(B1)	渠道渗漏损失率(B11)	5%	10%	15%	20%
		渠道水利用系数(B12)	0.9	0.8	0.7	0.6
		糙率(B13)	0.015	0.020	0.025	0.030
	经济效益(B2)	工程成本/(万元·km^{-1})(B21)	10	20	30	40
		节水效益(B22)	30%	20%	10%	0
		施工工艺(B23)	0.6	0.7	0.8	0.9
	生态效益(B3)	渠道生物多样性(B31)	0.75	0.65	0.45	0.15
		景观效益(B32)	1.0	0.8	0.6	0.4
项目产出(C)	质量管理(C1)	质量优良率(C11)	1.00	0.85	0.60	0.40
	内部管理(C2)	完工验收(C21)	0	0.1	0.2	0.4
		工程安全管理(C22)	0	3	6	12
		完工准时性(C23)	0.9	1.0	1.1	1.3
项目投入(D)	资金投入(D1)	完工金额比(D11)	0	0.1	0.1	0.2
		预算执行率(D12)	1.1	1.0	0.9	0.7
	其他投入(D2)	施工人员素质(D21)	0.1	0.55	0.35	0
		材料检验(D22)	1.00	0.85	0.60	0.40
		工程检验(D23)	1.00	0.85	0.60	0.40

以船行灌区为例，对 5 种渠道生态防渗工程指标值进行比较，其中Ⅰ代表渠底土工膜防渗＋干垒块挡墙的生态渠道；Ⅱ代表渠底土工膜防渗＋混凝土结合联锁块护坡的生态渠道；Ⅲ代表渠底土工膜防渗＋生态混凝土护坡；Ⅳ代表土渠；Ⅴ代表混凝土渠道。详见表 5-22。

表 5-22　宿迁市灌区渠道生态防渗工程指标现状值

一级指标	二级指标	单项评价指标	Ⅰ	Ⅱ	Ⅲ	Ⅳ	Ⅴ
项目宏观目标(A)	促进社会发展程度(A1)	社会效益(A11)	0.60	0.75	0.65	0.4	0.55
		环境改善程度(A12)	0.65	0.75	0.70	0.65	0.35
	促进经济发展程度(A2)	灌区经济发展程度(A21)	0.55	0.60	0.50	0.45	0.35
	环境影响程度(A3)	环境质量指标率(A31)	80%	75%	85%	90%	60%
		受益范围和项目区土地面积比(A32)	30%	40%	34%	30%	25%
项目目的(B)	渠道防渗节水增效(B1)	渠道渗漏损失率(B11)	6.673%	3.952%	4.369%	17.173%	3.500%
		渠道水利用系数(B12)	0.905	0.943	0.937	0.777	0.948
		糙率(B13)	0.017	0.019	0.018	0.024	0.01
	经济效益(B2)	工程成本/(万元·km^{-1})(B21)	29.75	28.45	28.03	9.83	23.13
		节水效益(B22)	28.3%	33.2%	30.2%	17.6%	36.5%
		施工工艺(B23)	0.73	0.75	0.70	0.60	0.85
	生态效益(B3)	渠道生物多样性(B31)	0.65	0.72	0.85	0.90	0.40
		景观效益(B32)	0.70	0.85	0.80	0.50	0.45
项目产出(C)	质量管理(C1)	质量优良率(C11)	0.43	0.43	0.43	0.43	0.43
	内部管理(C2)	完工验收(C21)	0.08	0.08	0.08	0.08	0.08
		工程安全管理(C22)	2	2	2	2	2
		完工准时性(C23)	0.93	0.93	0.93	0.93	0.93
项目投入(D)	资金投入(D1)	完工金额比(D11)	0.025	0..025	0.025	0.025	0.025
		预算执行率(D12)	1.07	1.07	1.07	1.07	1.07
	其他投入(D2)	施工人员素质(D21)	0.45	0.45	0.45	0.45	0.45
		材料检验(D22)	0.95	0.95	0.95	0.95	0.95
		工程检验(D23)	0.87	0.87	0.87	0.87	0.87

3. 确定单个指标的隶属度

通过三角模糊(Triangular Fuzzy)模型中模糊函数的方法确定具体每个指标的隶属度函数值。通过 Matlab7.0 软件利用 Triangular Fuzzy 模型求得上述 22 个指标的隶属度函数值。利用 Matlab 程序和指标的最低值、基准值分别求出每个指标相对应 $V=\{v1,v2,v3,v4,\ \}$ =｛优秀，良好，中等，差｝指标的标准值分别为：$\{d1,d2,d3,d4\ \}$，实际值为 X，此过程和结果由数值表表示。然后按照 Triangular Fuzzy 模型求出每个指标的隶属度。

以船行灌区为例，其中Ⅰ代表渠底土工膜防渗＋干垒块挡墙的生态渠道；Ⅱ代表渠底土工膜防渗＋混凝土结合联锁块护坡的生态渠道；Ⅲ代表渠底土工膜防渗＋生态混凝土护坡；Ⅳ代表土渠；Ⅴ代表混凝土渠道。详见表 5-23～表 5-27。

表 5-23　船行灌区渠道Ⅰ生态防渗工程指标隶属度

一级指标	二级指标	单项评价指标	$v1$	$v2$	$v3$	$v4$
项目宏观目标(A)	促进社会发展程度(A1)	社会效益(A11)	0	0.9	0.1	0
		环境改善程度(A12)	0.43	0.57	0	0
	促进经济发展程度(A2)	灌区经济发展程度(A21)	0.5	0.5	0	0
	环境影响程度(A3)	环境质量指标率(A31)	0	0	1	0
		受益范围和项目区土地面积比(A32)	0	0	1	0
项目目的(B)	渠道防渗节水增效(B1)	渠道渗漏损失率(B11)	0.67	0.33	0	0
		渠道水利用系数(B12)	1	0	0	0
		糙率(B13)	0.6	0.4	0	0
	经济效益(B2)	工程成本/(万元·km^{-1})(B21)	0	0.2	0.8	0
		节水效益(B22)	0.83	0.17	0	0
		施工工艺(B23)	0	0.7	0.3	0
	生态效益(B3)	渠道生物多样性(B31)	0.4	0.6	0	0
		景观效益(B32)	0	0.5	0.5	0
项目产出(C)	质量管理(C1)	质量优良率(C11)	0	0	0.15	0.85
	内部管理(C2)	完工验收(C21)	0.2	0.8	0	0
		工程安全管理(C22)	0.33	0.67	0	0
		完工准时性(C23)	0.7	0.3	0	0
项目投入(D)	资金投入(D1)	完工金额比(D11)	0.75	0.25	0	0
		预算执行率(D12)	0.7	0.3	0	0
	其他投入(D2)	施工人员素质(D21)	0.22	0.78	0	0
		材料检验(D22)	0.67	0.33	0	0
		工程检验(D23)	0.13	0.87	0	0

表 5-24　船行灌区渠道Ⅱ生态防渗指标隶属度

一级指标	二级指标	单项评价指标	$v1$	$v2$	$v3$	$v4$
项目宏观目标(A)	促进社会发展程度(A1)	社会效益(A11)	0.29	0.71	0	0
		环境改善程度(A12)	0.71	0.29	0	0
	促进经济发展程度(A2)	灌区经济发展程度(A21)	0.62	0.38	0	0
	环境影响程度(A3)	环境质量指标率(A31)	0	0.8	0.2	0
		受益范围和项目区土地面积比(A32)	0	1	0	0
项目目的(B)	渠道防渗节水增效(B1)	渠道渗漏损失率(B11)	1	0	0	0
		渠道水利用系数(B12)	1	0	0	0
		糙率(B13)	0.2	0.8	0	0
	经济效益(B2)	工程成本/(万元·km^{-1})(B21)	0	0.25	0.75	0
		节水效益(B22)	1	0	0	0
		施工工艺(B23)	0	0.5	0.5	0
	生态效益(B3)	渠道生物多样性(B31)	1	0	0	0
		景观效益(B32)	0.25	0.75	0	0
项目产出(C)	质量管理(C1)	质量优良率(C11)	0	0	0.15	0.85
	内部管理(C2)	完工验收(C21)	0.2	0.8	0	0
		工程安全管理(C22)	0.33	0.67	0	0
		完工准时性(C23)	0.7	0.3	0	0
项目投入(D)	资金投入(D1)	完工金额比(D11)	0.75	0.25	0	0
		预算执行率(D12)	0.7	0.3	0	0
	其他投入(D2)	施工人员素质(D21)	0.22	0.78	0	0
		材料检验(D22)	0.67	0.33	0	0
		工程检验(D23)	0.13	0.87	0	0

表 5-25　船行灌区渠道Ⅲ生态防渗指标隶属度

一级指标	二级指标	单项评价指标	$v1$	$v2$	$v3$	$v4$
项目宏观目标(A)	促进社会发展程度(A1)	社会效益(A11)	0	1	0	0
		环境改善程度(A12)	0.57	0.43	0	0
	促进经济发展程度(A2)	灌区经济发展程度(A21)	0.37	0.63	0	0
	环境影响程度(A3)	环境质量指标率(A31)	0	0.33	0.67	0
		受益范围和项目区土地面积比(A32)	0	0.4	0.6	0
项目目的(B)	渠道防渗节水增效(B1)	渠道渗漏损失率(B11)	1	0	0	0
		渠道水利用系数(B12)	1	0	0	0
		糙率(B13)	0.4	0.6	0	0
	经济效益(B2)	工程成本/(万元·km^{-1})(B21)	0	0.29	0.71	0
		节水效益(B22)	1	0	0	0
		施工工艺(B23)	0	1	0	0
	生态效益(B3)	渠道生物多样性(B31)	1	0	0	0
		景观效益(B32)	0	1	0	0
项目产出(C)	质量管理(C1)	质量优良率(C11)	0	0	0.15	0.85
	内部管理(C2)	完工验收(C21)	0.2	0.8	0	0
		工程安全管理(C22)	0.33	0.67	0	0
		完工准时性(C23)	0.7	0.3	0	0
项目投入(D)	资金投入(D1)	完工金额比(D11)	0.75	0.25	0	0
		预算执行率(D12)	0.7	0.3	0	0
	其他投入(D2)	施工人员素质(D21)	0.22	0.78	0	0
		材料检验(D22)	0.67	0.33	0	0
		工程检验(D23)	0.13	0.87	0	0

表 5-26　船行灌区渠道Ⅳ生态防渗工程指标隶属度

一级指标	二级指标	单项评价指标	$v1$	$v2$	$v3$	$v4$
项目宏观目标(A)	促进社会发展程度(A1)	社会效益(A11)	0	0.5	0.5	0
		环境改善程度(A12)	0.43	0.57	0	0
	促进经济发展程度(A2)	灌区经济发展程度(A21)	0.25	0.75	0	0
	环境影响程度(A3)	环境质量指标率(A31)	0	1	0	0
		受益范围和项目区土地面积比(A32)	0	0	1	0
项目目的(B)	渠道防渗节水增效(B1)	渠道渗漏损失率(B11)	0	0	0.57	0.43
		渠道水利用系数(B12)	0	0.77	0.23	0
		糙率(B13)	0	0.2	0.8	0
	经济效益(B2)	工程成本/(万元·km^{-1})(B21)	0.77	0.23	0	0
		节水效益(B22)	0	0.76	0.24	0
		施工工艺(B23)	1	0	0	0
	生态效益(B3)	渠道生物多样性(B31)	1	0	0	0
		景观效益(B32)	0	0	0.5	0.5
项目产出(C)	质量管理(C1)	质量优良率(C11)	0	0	0.15	0.85
	内部管理(C2)	完工验收(C21)	0.2	0.8	0	0
		工程安全管理(C22)	0.33	0.67	0	0
		完工准时性(C23)	0.7	0.3	0	0
项目投入(D)	资金投入(D1)	完工金额比(D11)	0.75	0.25	0	0
		预算执行率(D12)	0.7	0.3	0	0
	其他投入(D2)	施工人员素质(D21)	0.22	0.78	0	0
		材料检验(D22)	0.67	0.33	0	0
		工程检验(D23)	0.13	0.87	0	0

表 5-27　船行灌区渠道Ⅴ生态防渗工程指标隶属度

一级指标	二级指标	单项评价指标	$v1$	$v2$	$v3$	$v4$
项目宏观目标(A)	促进社会发展程度(A1)	社会效益(A11)	0	0.8	0.2	0
		环境改善程度(A12)	0	0.57	0.43	0
	促进经济发展程度(A2)	灌区经济发展程度(A21)	0	1	0	0
	环境影响程度(A3)	环境质量指标率(A31)	0	0	0	1
		受益范围和项目区土地面积比(A32)	0	0	0.75	0.25
项目目的(B)	渠道防渗节水增效(B1)	渠道渗漏损失率(B11)	1	0	0	0
		渠道水利用系数(B12)	1	0	0	0
		糙率(B13)	1	0	0	0
	经济效益(B2)	工程成本/(万元·km^{-1})(B21)	0	0	0.73	0.27
		节水效益(B22)	1	0	0	0
		施工工艺(B23)	0	0	0.5	0.5
	生态效益(B3)	渠道生物多样性(B31)	0	0	0.83	0.17
		景观效益(B32)	0	0	0.25	0.75
项目产出(C)	质量管理(C1)	质量优良率(C11)	0	0	0.15	0.85
	内部管理(C2)	完工验收(C21)	0.2	0.8	0	0
		工程安全管理(C22)	0.33	0.67	0	0
		完工准时性(C23)	0.7	0.3	0	0
项目投入(D)	资金投入(D1)	完工金额比(D11)	0.75	0.25	0	0
		预算执行率(D12)	0.7	0.3	0	0
	其他投入(D2)	施工人员素质(D21)	0.22	0.78	0	0
		材料检验(D22)	0.67	0.33	0	0
		工程检验(D23)	0.13	0.87	0	0

4. 综合评价

利用目标评价模型的纵向逻辑关系，分别对从项目宏观目标、项目目的、项目产出及项目投入这四个评价角度进行的各个评语的隶属度进行综合评价。以船行灌区为例，其中Ⅰ代表渠底土工膜防渗＋干垒块挡墙的生态渠道；Ⅱ代表渠底土工膜防渗＋混凝土结合联锁块护坡的生态渠道；Ⅲ代表渠底土工膜防渗＋生态混凝土护坡；Ⅳ代表土渠；Ⅴ代表混凝土衬砌防渗土渠道。

从表5-28项目投入的隶属度值可以看出，最大隶属度值无疑处在优级，总得分92.06分，表明在投入方面处在成功级别。用成功度法究其原因，专家一致认为预算执行率是一个重要的指标，所占权重值很高。另外有部分其他原因影响其投入的隶属度，如施工人员的素质不太高，也影响到项目投入的目标实现程度。在今后的施工投入过程中，有关部门一定要及时地按计划投入预算，资金应该及时到位，施工人员应该选择专业的技术人员，并及时进行培训，这样才有助于项目目标的完成。

表5-28　船行灌区渠道生态防渗工程投入的隶属度

渠道生态防渗工程项目投入	$v1$	$v2$	$v3$	$v4$	权重
Ⅰ	0.603	0.397	0	0	0.097
Ⅱ	0.603	0.397	0	0	0.097
Ⅲ	0.603	0.397	0	0	0.097
Ⅳ	0.603	0.397	0	0	0.097
Ⅴ	0.603	0.397	0	0	0.097

从表5-29可以很明显地看出，项目产出的目标实现程度是良级，即成功。项目投入方面的一些不足影响到了工程的工期，但影响不大，因为项目产出的重要指标是质量，质量合格率及完工验收指标所占的权重都很高，得分也高，证明工地是比较注重质量的，虽然由于投入方面的原因影响到工期，但并没有很大地影响项目产出的目标实现程度。

表5-29　船行灌区渠道生态防渗工程产出的隶属度

渠道生态防渗工程项目产出	$v1$	$v2$	$v3$	$v4$	权重
Ⅰ	0.349	0.322	0.064	0.265	0.182
Ⅱ	0.349	0.322	0.064	0.265	0.182
Ⅲ	0.349	0.322	0.064	0.265	0.182
Ⅳ	0.349	0.322	0.064	0.265	0.182
Ⅴ	0.349	0.322	0.064	0.265	0.182

表 5-30 显示项目目的的隶属度值，表明宿迁市灌区渠道生态防渗工程目的是成功的，通过示范试验在取得灌溉节水直接收益和生态间接收益的同时，提高其他灌区对生态防渗技术的认识，积极采取生态防渗技术在灌区改造中的应用，加快社会主义新农村和生态灌区建设。

表 5-30　船行灌区渠道生态防渗工程项目目的的隶属度

渠道生态防渗工程项目目的	$v1$	$v2$	$v3$	$v4$	权重
Ⅰ	0.403	0.417	0.180	0	0.286
Ⅱ	0.562	0.309	0.129	0	0.286
Ⅲ	0.537	0.419	0.044	0	0.286
Ⅳ	0.418	0	0.317	0.265	0.286
Ⅴ	0.393	0.238	0.258	0.111	0.286

从表 5-31 可以看出，项目宏观目标的实现程度是成功，目的实现了，这些防渗形式的使用在一定程度上保护了生态，使渠道在防渗与生态保护方面做到了有机结合，工程效益十分显著，促进了灌区的经济建设，有广阔的推广空间。项目的建成提高了当地的社会、经济和环境效益，促进了当地经济的可持续发展。

表 5-31　船行灌区渠道生态防渗工程项目宏观目标的隶属度

渠道生态防渗工程项目宏观目标	$v1$	$v2$	$v3$	$v4$	权重
Ⅰ	0.267	0.511	0.222	0	0.435
Ⅱ	0.436	0.544	0.020	0	0.435
Ⅲ	0.248	0.626	0.126	0	0.435
Ⅳ	0	0.668	0.208	0.124	0.435
Ⅴ	0.177	0.605	0.218	0	0.435

对宿迁市船行灌区渠道生态防渗工程实现目标的程度进行综合评判，得出最后结果如表 5-32 所示。

表 5-32　宿迁市灌区渠道生态防渗工程项目目标评价

渠道生态防渗工程项目目标评价	$v1$	$v2$	$v3$	$v4$
Ⅰ	0.367	0.423	0.143	0.067
Ⅱ	0.474	0.406	0.054	0.066
Ⅲ	0.398	0.448	0.088	0.066
Ⅳ	0.27	0.388	0.181	0.161
Ⅴ	0.279	0.427	0.198	0.096
分值	100	80	60	40

得分分别为：

	Ⅰ	Ⅱ	Ⅲ	Ⅳ	Ⅴ
目标评价	81.80	85.76	83.56	72.34	77.78

Ⅰ、Ⅱ、Ⅲ得分均为良，表明项目目标成功，体现了宿迁市灌区渠道生态防渗工程的决策是完全正确的，项目的投入得到了应有的产出结果。

5. 评价结果分析

(1) 项目目标的实现程度。通过以上计算，宿迁市灌区渠底土工膜防渗＋干垒块挡墙（Ⅰ）、渠底土工膜防渗＋混凝土结合联锁块护坡（Ⅱ）和渠底土工膜防渗＋生态混凝土护坡（Ⅲ）3 种渠道生态防渗工程的目标评价得分分别为 81.80、85.76、83.56 分，处于优良之间；土渠（Ⅳ）、混凝土渠道（Ⅴ）生态防渗工程的目标得分分别为 72.34、77.78 分。宿迁市灌区渠道生态防渗工程最终实现目标的程度非常理想，将各项一级指标分值计算得出：生态防渗渠道Ⅰ、Ⅱ、Ⅲ、Ⅳ、Ⅴ项目宏观目标得分分别为 80.90、88.32、82.44、70.88、76.18 分，项目目的得分分别为 84.46、88.66、89.86、71.42、78.26 分，项目产出得分 75.1 分，项目投入得分 92.06 分。

(2) 项目目标的正确性、合理性与实践性分析。分析项目得分可知，宿迁市灌区渠道Ⅰ、Ⅱ、Ⅲ生态防渗工程项目的建设决策是正确的，生态防渗技术的采用是恰当的，建设时机的选择是适宜的，项目的实施具有一定的前瞻性。以船行灌区为例，从渠道防渗的节水增效来看，渠道水利用系数显著提高，渠道输水渗漏损失减少，输水速度加快，灌水效率提高。与土渠相比，生态防渗渠道比土渠减少渗漏损失水量 40%～60%，比土渠减少渗漏损失率 60%～75%，提高了渠道水利用系数 16%～22%，从水源取等量的灌溉水可以灌溉更多的农田。

据船行灌区的经验，渠道采用防渗技术措施后，灌溉周期缩短了 2.3 d，减少二级提灌泵站运行 14 座（总装机容量达 437 kW），节约年运行费约 24.6 万元；从经济效益来看，渠道生态防渗工程实施后，增加水稻种植面积 1.2 万亩，增加小麦种植面积 0.9 万亩；近年平均水稻产量达 586 kg·亩$^{-1}$、小麦产量 415 kg·亩$^{-1}$，水稻亩均产量提高率为 30.2%，小麦产量提高率为 18.57%，经计算，水分生产率提高 0.32 kg·m^{-3}，年综合增产效益 1 534.76 万元；项目受益区粮经比由 9∶1 提高到 7∶3，农业综合生产能力提高率为 25.3%；水利用效率提高率为 32.6%，亩均节水 87 m^{3}，按船行灌区现状供水成本计，年节水效益达 191.72 万元。各项指标较好地达到了项目的目标设定要求。此外，项目实施过程中，注重生态环境保护，一改过去全护的砼渠道，渠底不再全部护砌，根据地下水位情况分别设计护底方式，渠坡则采用膜料加联锁块护坡等多种防渗方式。每次渠道放完水后未发现有青蛙等动物死于渠底现象；渠道护坡联锁块及渠底可以长草，无水期渠道同样生机盎然，不显示光秃秃景象；渠道放水运行期，渠中有水，水中有鱼，渠堤有草，草中有景观树，可供群众钓鱼、休闲，成为亮丽的风景线。

（3）分析评价目标实现效果与预期要求之间的偏差及其产生的原因。在修建过程中有些问题需要重视和解决，在项目建设阶段暴露出的问题有：①该项目单位工程总体优良率不高，因此管理制度需进一步改善和提高，施工人员的素质、材料和设备的质量都有待加强；②投资的控制是在初步设计审批数字的基础上的控制，只有设计是高质量的，项目管理是科学化的，才能避免项目在实施过程中出现大量的工程变更而使投资难以控制；③工程竣工后，为了遏止生态破坏现象，营造一个优美的环境，需及时清理施工现场，及时植树种草，恢复植被和临时占地取土环境。

（二）可持续评价

1. 影响项目可持续性的因素分析

灌区渠道生态防渗工程从立项、审批直到竣工验收投入运行使用的整个生命周期中，影响建设目的可持续性的关键因素有很多，系统内任何一个因素出现问题，都会严重地降低该农田水利工程项目的可持续能力。以宿迁市灌区生态防渗渠道改造工程为例，影响该工程的主要因素可分为内部因素和外部因素两类。

（1）内部影响因素分析

影响宿迁市灌区生态防渗渠道工程可持续性的内部因素包括以下几个方面：

第一，自身的经济效益因素。宿迁市灌区生态防渗渠道改造工程不仅自身产生直接的经济效益，还会对周边产生间接的经济效益，间接经济效益的好坏关系到外界项目的支持力度，影响到项目以后运行、发展的外界环境条件，这些都直接影响项目的发展前景。

第二，工程技术因素。具体表现在技术的先进性、可维护性、可改造性三个方面。宿迁市灌区生态防渗渠道改造工程中采用了较多的先进生态防渗技术，在维护管理方面需要对技术人员进行培训和管理，如维护不好会对渠道的使用年限等造成不好的影响。

第三，工程管理和人才因素。工程的管理和人才因素是项目可持续性的重要因素，首先要有适合的组织结构和运行机制，人是管理和服务的主体，人员的素质、知识结构、业务水平决定着渠道管理的好坏。

(2) 外部影响因素分析

根据宿迁市灌区生态防渗渠道工程的情况，影响它的外部因素包括以下几个方面：

第一，资金和资源因素。尽管人们已逐步认识到水利工程建设对生态环境的影响，但农田水利工程建设对农业生态系统的影响尚未引起人们足够的重视，宿迁市灌区生态防渗渠道工程虽然自身产生一定经济效益，但仍需要国家和宿迁市地方政府的补贴。

第二，项目区环境因素。良好的环境是项目生存的重要外部因素，包括经济环境、社会环境、生态环境等方面，灌区生态防渗渠道改造工程需要与周围的 3 个方面的环境协调发展。国家和地方政府的有关农水方面的政策也会对项目的可持续性造成影响，项目管理单位要适应环境政策的变化并做适当的调整。

2. 项目可持续性评价指标体系

建立灌区渠道生态防渗工程评价指标体系，是将渠道生态防渗工程可持续性从定性分析阶段向定量分析阶段转变的必要手段。灌区渠道生态防渗工程评价指标体系是针对该建设项目的特点，用以反映工程本身优劣的指标集合，由防渗效果、生境、成本、施工工艺、管理机制等几个方面的量度指标构成。在构建指标时既注重了指标的动态性、长期性和通用性，又注重了指标的全面性和代表性。为了科学全面地对该建设项目可持续性能力做出评价，在灌区渠道生态防渗工程评价指标体系构建原则的指导下，参考其他文献的可持续评价指标，针对宿迁市灌区渠道生态防渗工程的特点，并通过德尔菲法征询专家意见，建立了灌区渠道生态防渗工程评价指标体系，如表 5-33 所示。

3. 项目可持续性评价模型

宿迁市灌区渠道生态防渗工程可持续能力评价就是对工程可持续能力的状态分析，通过对指标的计算分析，评价项目的可持续能力状态，对于不可持续或弱可持续的工程采取相应对策。

表 5-33　宿迁市灌区渠道生态防渗工程评价指标体系

综合评价目标	评价准则	单项指标	指标特征
宿迁市灌区渠道生态防渗工程可持续能力综合评价(O)	工程技术可持续能力指标(A)	单位工程质量优良率(A1)	反映工程质量的好坏对工程可持续性的支持
		防渗技术先进性(A2)	反映渠道生态防渗技术的先进性对项目可持续性的支持
		防渗技术创新益本比(A3)	反映渠道生态防渗技术创新的经济特性
		渠道配套设施完备性(A4)	反映渠道持续运行所需配套设施的完备性
		渠道防渗能力(A5)	反映渠道防渗节水的能力
	经济可持续能力指标(B)	施工工艺(B1)	反映渠道建设水平的复杂性与难易程度
		工程成本(B2)	反映渠道造价的高低
		项目运行所需资金充足率(B3)	反映资金的充足情况对项目运行管理的支持
		年节水效益提高率(B4)	反映渠道防渗后的节水经济效益
		景观效益(B5)	反映项目对项目区生态景观发展的贡献
	社会环境可持续发展影响指标(C)	生物多样性(C1)	反映渠道内动植物多样性特征
		环境质量达标率(C2)	反映项目对周围的环境造成的影响
		自然资源利用情况(C3)	反映项目对土地和水资源等自然资源的有效利用情况
		项目支持率(C4)	通过群众对项目的支持情况反映工程的社会效果
	管理可持续能力指标(D)	管理机制完备性(D1)	反映工程的管理机制对渠道运行持续管理的支持
		管理机构设置合理性(D2)	反映工程建设和运营中管理机构的设置对渠道可持续性的影响
		职工平均受教育程度(D3)	反映工程的管理人员的文化素质情况
		资金有效管理情况(D4)	反映工程运行管理单位对资金的管理效率
		设备养护、调度管理(D5)	反映工程运行管理单位对工程设备的管理情况

采用网络分析法(ANP)-模糊综合评价法(FCE)集成综合评价方法对宿迁市灌区生态防渗渠道可持续能力进行评价，就是将 ANP 与 FCE 相结合的一种评价方法。

本次灌区渠道生态防渗工程可持续能力评价采用专家打分法，得出本次项目各指标的权重比。打分邀请了 10 位生态防渗渠道评价方面的专家，对指标体系的研究提供建议，对指标的重要程度作出判断。涉及的专家来自施工单位、高校、咨询单位等，根据打分获得的数据进行统计。

表 5-34 为构筑的两两比较判断矩阵，各专家运用 1～9 标度法填写指标的相对重要性。图 5-22 为宿迁市灌区渠道生态防渗工程可持续能力 ANP-FCE 评价模型。

表 5-34　两两比较判断矩阵

标度	含义
1	两指标相比，具有同等重要程度
3	两指标相比，一个指标比另一个指标稍微重要
5	两指标相比，一个指标比另一个指标明显重要
7	两指标相比，一个指标比另一个指标非常重要
9	两指标相比，一个指标比另一个指标极端重要
2,4,6,8	取上述两相邻判断的中值
上述数值的倒数	因素 i 与 j 比较得判断 bij，则因素 j 与 i 比较得判断 $bij=1/bij$

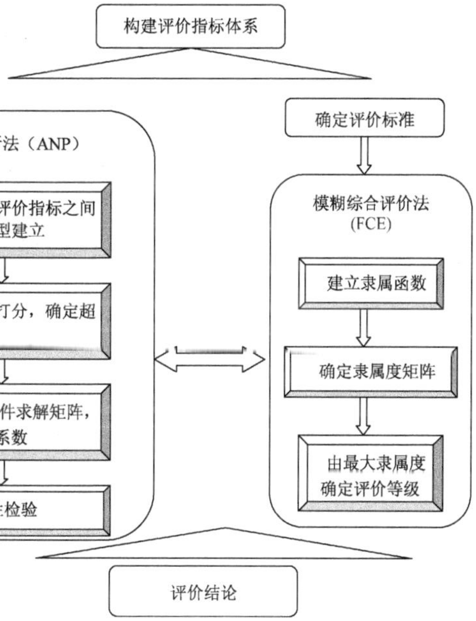

图 5-22　宿迁市灌区渠道生态防渗工程可持续能力 ANP-FCE 评价模型

(1) 运用 ANP 方法进行可持续能力指标权重的确定

运用超级决策软件 Super decision,简称 SD,进行权重的计算。

①ANP 模型的构建和指标之间的关系

宿迁市灌区渠道生态防渗工程可持续能力评价指标权重的 ANP 模型的构建如图 5-23 所示,指标之间的关系如表 5-35 所示。

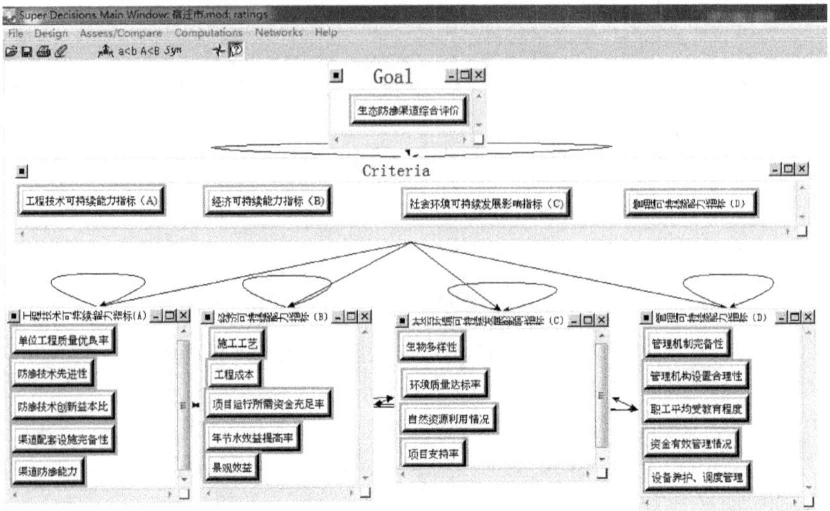

图 5-23　宿迁市灌区渠道生态防渗工程可持续能力评价指标权重的 ANP 模型构建

表 5-35　宿迁市灌区渠道生态防渗工程可持续能力评价各指标之间的关系

评价指标	与指标关联的指标
A1	A2、A3、A5、D1、D2
A2	A1、A3、A4、A5、B3、D1、D2
A3	A1、B3、B4
A4	A2、A5、B1、B2、B3、C3、D1、D5
A5	A3、B4
B1	A1、A2、A5、B4、B5、C2
B2	A3、A4、B3、D4、D5
B3	A4、C4、D1、D5
B4	A3、B5、C1、C2
B5	C4、D2
C1	B5、C2、C3、D1
C2	B5、C1、C3、C4、D1

续　表

评价指标	与指标关联的指标
C3	A2、A3、A5、B2、B4、B5、C1、C2
C4	A4、B2、B3、D1、D2、D4、D5
D1	A1、A2、A5、B4、D4、D5
D2	A1、A2、A3、A5、B2、C3、D1、D4
D3	A1、B1、B3、C2、C3、D5
D4	A3、B2、B3、D1
D5	A1、A2、A3、A4、A5、B1、B2、D1

②应用内外专家群体打分法，对于各指标之间的优势度进行打分，SD 软件中提供打分界面如图 5-24 所示。

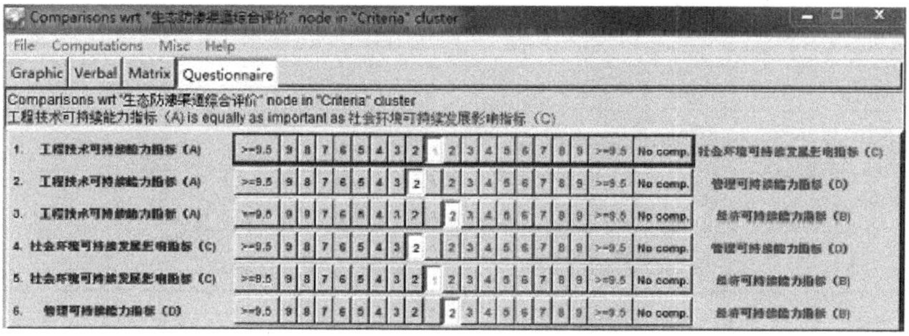

图 5-24　SD 软件专家打分界面

③指标相对于总目标的权重及一致性检验如图 5-25 所示。

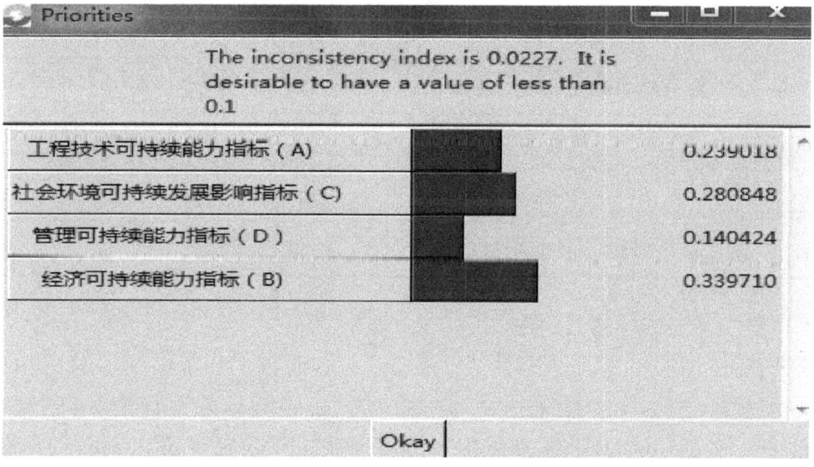

图 5-25　指标权重及一致性检验图

④由 ANP 的计算软件 SD 计算出的宿迁市灌区渠道生态防渗工程评价指标的权重如表 5-36 所示。

表 5-36　宿迁市灌区渠道生态防渗工程可持续能力评价指标权重

可持续能力评价指标	权重
单位工程质量优良率(A1)	0.034
防渗技术先进性(A2)	0.060
防渗技术创新益本比(A3)	0.031
渠道配套设施完备性(A4)	0.034
渠道防渗能力(A5)	0.080
施工工艺(B1)	0.106
工程成本(B2)	0.106
项目运行所需资金充足率(B3)	0.047
年节水效益提高率(B4)	0.047
景观效益(B5)	0.034
生物多样性(C1)	0.068
环境质量达标率(C2)	0.096
自然资源利用情况(C3)	0.069
项目支持率(C4)	0.048
管理机制完备性(D1)	0.049
管理机构设置合理性(D2)	0.020
职工平均受教育程度(D3)	0.021
资金有效管理情况(D4)	0.027
设备养护、调度管理(D5)	0.023

(2) 指标评价标准的确定

根据宿迁市灌区渠道生态防渗工程的特点，参考了相关资料以及对相关定量指标的统计计算，考虑到工程自身的特点及手边的有关资料情况，以及经过对其他农田水利建设项目相关数据的收集整理，筛选出定量指标评价等级标准。评价标准如表 5-37 所示。

表 5-37　宿迁市灌区渠道生态防渗工程可持续能力评价定量指标评价标准

评价指标	评价等级				
	不可持续	弱可持续	基本可持续	较强可持续	强可持续
单位工程质量优良率	60%	70%	80%	90%	100%
防渗技术创新益本比	1.0	1.5	2.0	10.0	20.0
渠道防渗能力指数	0.6	0.7	0.8	0.9	1.0
渠道配套设施完备性	0.80	0.85	0.90	0.95	1.00
年节水效益提高率	10%	15%	20%	25%	30%
项目运行所需资金充足率	0.80	0.85	0.90	0.95	1.00
工程成本/(万元·km^{-1})	40	35	30	25	20
生物多样性	0.5	0.6	0.7	0.8	0.9
项目支持率	60%	70%	80%	90%	100%
环境质量达标率	65%	70%	75%	80%	100%
资金有效利用率	70%	80%	85%	90%	100%

以船行灌区为例，对 5 种渠道生态防渗工程可持续能力评价指标现状值进行比较，其中Ⅰ代表渠底土工膜防渗＋十垒块挡墙的生态渠道；Ⅱ代表渠底土工膜防渗＋混凝土结合联锁块护坡的生态渠道；Ⅲ代表渠底土工膜防渗＋生态混凝土护坡；Ⅳ代表土渠；Ⅴ代表混凝土衬砌防渗渠道。详见表 5-38。

表 5-38　宿迁市灌区渠道生态防渗工程可持续能力评价指标现状值

评价指标	Ⅰ	Ⅱ	Ⅲ	Ⅳ	Ⅴ
单位工程质量优良率	100%	100%	100%	100%	100%
防渗技术创新益本比	18.6	20.3	23.5	3.6	9.2
渠道防渗能力指数	0.905	0.943	0.937	0.777	0.948
渠道配套设施完备性	1	1	1	1	1
年节水效益提高率	30.8%	32.6%	33.7%	12.5%	36.2%
项目运行所需资金充足率	0.92	0.92	0.95	0.95	0.85
工程成本/(万元·km^{-1})	29.75	28.45	28.03	9.83	23.13
生物多样性	0.65	0.72	0.85	0.90	0.40
项目支持率	85%	85%	90%	60%	70%
环境质量达标率	80%	75%	85%	90%	60%
资金有效利用率	94%	94%	94%	94%	94%

(3) 运用模糊综合评价(FCE)方法进行宿迁市灌区生态防渗渠道可持续能力评价

①采用专家打分法获得定性指标评语集

邀请专家根据定性指标评价等级标准,对宿迁市灌区渠道生态防渗工程可持续能力定性指标进行打分,采用百分制统计法统计专家意见,最终得到定性指标的评语集。

②由隶属度函数计算定量指标评语集

根据表 5-37 所确定的定量指标标准,运用隶属度计算公式计算各定量指标隶属度。

③模糊综合评价计算

由公式 $\boldsymbol{B}=\boldsymbol{A}\cdot\boldsymbol{R}$,把 19 个指标的权重矩阵与隶属度矩阵相乘得到评价结果。

$$\boldsymbol{B}_{\mathrm{I}}=\boldsymbol{A}\cdot\boldsymbol{R}=[2.84\quad 4.23\quad 15.36\quad 40.36\quad 37.21]$$

$$\boldsymbol{B}_{\mathrm{II}}=\boldsymbol{A}\cdot\boldsymbol{R}=[2.13\quad 3.23\quad 10.23\quad 43.13\quad 41.28]$$

$$\boldsymbol{B}_{\mathrm{III}}=\boldsymbol{A}\cdot\boldsymbol{R}=[2.06\quad 4.21\quad 13.26\quad 41.35\quad 39.12]$$

$$\boldsymbol{B}_{\mathrm{IV}}=\boldsymbol{A}\cdot\boldsymbol{R}=[4.83\quad 6.97\quad 20.36\quad 35.63\quad 32.21]$$

$$\boldsymbol{B}_{\mathrm{V}}=\boldsymbol{A}\cdot\boldsymbol{R}=[3.16\quad 4.26\quad 21.51\quad 37.82\quad 34.15]$$

④评价结论

由 ANP－FCE 计算出宿迁市灌区渠道生态防渗工程可持续能力,如表 5-39 所示。以渠底土工膜防渗＋混凝土结合联锁块护坡的生态渠道(Ⅱ)为例,有 2.13％的可能属于“非可持续”;有 3.23％的可能属于“弱可持续”;有 10.23％的可能属于“基本可持续”;有 43.13％的可能属于“较强可持续”;有 41.28％的可能属于“强可持续”。由于属于较强可持续的隶属度最大为 43.13％,因此,宿迁市灌区渠道Ⅱ生态防渗工程的可持续能力为“较强可持续”。

表 5-39　宿迁市灌区渠道生态防渗工程可持续能力评价

宿迁市灌区渠道生态防渗工程可持续能力	评价结果/％				
	非可持续性	弱可持续性	基本可持续	较强可持续	强可持续
Ⅰ	2.84	4.23	15.36	40.36	37.21
Ⅱ	2.13	3.23	10.23	43.13	41.28
Ⅲ	2.06	4.21	13.26	41.35	39.12
Ⅳ	4.83	6.97	20.36	35.63	32.21
Ⅴ	3.16	4.26	21.51	36.92	34.15

灌区渠道生态防渗工程项目评价结果（Ⅰ、Ⅱ、Ⅲ、Ⅳ、Ⅴ）隶属于较强可持续和强可持续的可能性分别占77.57%、84.41%、80.47%、67.84%、71.97%，显而易见，渠底土工膜防渗＋干垒块挡墙（Ⅰ）、渠底土工膜防渗＋混凝土结合联锁块护坡（Ⅱ）和渠底土工膜防渗＋生态混凝土护坡（Ⅲ）3种渠道生态防渗工程的可持续能力与土渠（Ⅳ）及混凝土渠道（Ⅴ）防渗工程相比较高，但还存在着一定影响的非可持续和弱可持续因素，在工程建设过程中需进一步提高施工人员的业务素质，强化施工质量，提高单位工程的优良率；进一步完善管理机构，统一领导，分级管理，从组织上保障工程的正常运行。宿迁市灌区生态防渗渠道改造工程项目是一个系统工程，需统筹规划，分步骤实施，后期需进一步搞好配套工程建设，促进与其他工程的有机结合，保证工程能整体、可持续地发挥效益；加大工程建成后运行养护资金的支持力度，以便及时对工程进行后期维修和管护，保障工程的良性运行；建立评价信息系统，存储各种评价资料信息，对项目投资效益、社会效益和环境效益等进行实时观测和评估，以使得该项目的可持续能力进一步得到加强。

（三）宿迁市灌区渠道生态防渗工程综合评价及优选

从目标的实现程度、正确性、合理性与实践性及项目持续发挥效益必须具备的内部、外部条件和需要采取的措施等方面分析了宿迁市灌区渠道生态防渗工程项目，该项目目标明确，适用性强，具有较强的可持续性。其中，渠底土工膜防渗＋干垒块挡墙（Ⅰ）、渠底土工膜防渗＋混凝土结合联锁块护坡（Ⅱ）和渠底土工膜防渗＋生态混凝土护坡（Ⅲ）3种生态防渗渠道与土渠（Ⅳ）、混凝土渠道（Ⅴ）相比，综合评价较高。

综上计算，可知在宿迁市灌区渠道生态防渗工程项目中，渠底土工膜防渗＋干垒块挡墙（Ⅰ）、渠底土工膜防渗＋混凝土结合联锁块护坡（Ⅱ）和渠底土工膜防渗＋生态混凝土护坡（Ⅲ）3种生态防渗渠道是比较适合的渠道。综合考虑渠道防渗效果、生态效益、工程成本、施工工艺以及工程可持续能力等方面，其中又以渠底土工膜防渗＋混凝土结合联锁块护坡（Ⅱ）的生态防渗渠道综合评价最高，是符合生态农业的渠道生态防渗技术，可以进行推广应用。

二、渠道生态防渗技术推广应用

渠道生态防渗技术的推广应用主要是结合灌区节水改造和农田水利重点项目等在灌区改造工程中进行的推广应用。在推广过程中，水利行政主管部门、灌区管理部门和技术依托单位相结合，建立组织机构，制定管理措施，落实计划任务，加强技术培训，进行深层探讨，推动生态防渗技术的应用。

江苏省水利科技项目“生态防渗技术在灌区改造工程中推广应用”在船行

灌区进行示范。示范区已建渠道生态防渗工程约 120 km，主要生态防渗类型有渠底土工膜防渗＋干垒块挡墙、渠底土工膜防渗＋混凝土结合联锁块护坡、渠底土工膜防渗＋生态混凝土护坡 3 种形式，其中渠底土工膜防渗＋混凝土结合联锁块护坡形式推广长度约 60 km。

通过 2010—2012 年的示范应用，船行灌区渠道生态防渗技术推广效益如表 5-40 所示。

表 5-40　船行灌区渠道生态防渗技术推广效益

年度	渠道水灌溉利用系数增幅（与土渠相比）/%	节水幅度（与土渠相比）/%	生态效益（与混凝土渠道相比）	
			植被盖度增幅/%	动物物种数增幅/%
2010	44	9.5	11	20
2011	38	10.3	14	26
2012	40	9.1	20	28

江苏省水利科技项目“生态防渗技术在灌区改造工程中推广应用”在来龙灌区进行示范。示范区内已建渠道生态防渗工程约 72.4 km，主要生态防渗类型有渠底土工膜防渗＋干垒块挡墙、渠底土工膜防渗＋混凝土结合联锁块护坡、渠底土工膜防渗＋生态混凝土护坡、渠底混凝土网格＋混凝土结合联锁块护坡 4 种形式，其中渠底土工膜防渗＋混凝土结合联锁块护坡形式推广长度约 25 km。

通过 2010—2012 年的示范应用，来龙灌区渠道生态防渗技术推广效益见表 5-41。示范区生态防渗渠道水利用系数可达到 0.85～0.90，与土渠相比，生态防渗渠道输水可减少渗漏损失 70%～75%。示范区渠道采用防渗技术措施后，灌溉周期缩短 4～5 d，减少井头翻水站及各类二级提水泵站运行管理费用约 100 万元。示范区水分生产率提高 0.25 kg·m^{-3}，年综合增产效益3 000 万元；项目受益区农业综合生产能力提高率为 13%；示范区水利用效率提高率为 10%，每公顷节水 750 m^3。按示范区现状供水成本计算，年节水效益达 180 万元。

表 5-41　来龙灌区渠道生态防渗技术推广效益

年度	渠道水灌溉利用系数增幅（与土渠相比）/%	节水幅度（与土渠相比）/%	生态效益（与混凝土渠道相比）	
			植被盖度增幅/%	动物物种数增幅/%
2010	48	12.5	14	22
2011	42	12.3	18	28
2012	44	11.1	21	28

第六章　灌区缓流水体嗅味物质识别与生态防控技术

根据国内外黑臭水体治理的发展趋势，针对灌区水环境治理研究和应用中存在的相关问题，以灌区缓流水体的嗅味控制为目标，分别从嗅味物质识别、生态防控技术研究、技术集成和优化等方面开展研究，通过现场调查与监测、技术研究、技术集成，形成集“技术研发、工程优化、公众参与、长效管理”为一体，具有特色的黑臭河道嗅味防控集成技术体系，为灌区水环境的持续改善提供理论与技术支持。具体来说，包括以下几方面的内容。

第一节　灌区缓流水体嗅味物质识别技术

一、水质指标的分析和监测

为分析典型嗅味物质在污染物溯源中的作用，同步采集了相应区域的水样，进行水质指标的常规分析，主要监测指标包括：高锰酸盐指数、氨氮、总氮、总磷。

各监测指标的分析方法如表 6-1 所示。

表 6-1　水质指标的监测分析方法

监测指标	分析方法	监测指标	分析方法
氨氮	纳氏试剂光度法	高锰酸盐指数	高锰酸钾滴定法
总氮	碱性过硫酸钾消解法	总磷	钼酸铵分光光度法

通过分析水样中高锰酸盐指数、总氮、总磷、氨氮等含量，确定该区域水体污染程度。

二、嗅味物质的分析和监测

使用嗅味气相分析方法将水样中的嗅味物质分离后再进行嗅味闻测，通过时间上的对应，以定性、半定量的方式确定水体嗅味对应的主要嗅味物质。

通过气相色谱-质谱联用仪(GC-MS)对水样进行全扫描测定,在全扫描检出限内检测水体中的嗅味物质。选用水体中常见的8种分属于不同嗅味类型的嗅味物质:庚醛、二甲基三硫醚(DMTS)、2,4-庚二烯醛、2-MIB、β-环柠檬醛、2,4-癸二烯醛、2,4,6-三氧苯甲醚(TCA)以及GSM作为检测对象。通过顶空固相微萃取-GC-MS联用的方法,进行标准曲线的建立。根据得到的标准曲线,对灌区水体的水样进行嗅味物质检测,分析它们在空间和时间上的分布。

三、实验分析方法

(一) 嗅味层次分析法(Flavor Profile Analysis, FPA)

采用嗅味层次分析法对水体中嗅味类型及嗅味强度进行分析。选择6~7名不曾进入实验室进行实验的学生作为实验的闻测人员,先进行短期的嗅味识别培训,使其具有对水体嗅味概念的理解,能对嗅味进行描述,并能进行嗅味强度的分类。在实验开始30 min前不得进行抽烟、喝饮料、吃东西等可能会影响嗅味辨别的行为。在实验过程中,为排除相互之间的干扰和影响,要求各自独立描述嗅味的种类和强度,并各自在纸上进行描述。取200 mL水样置于500 mL锥形瓶中,封口后置于45 ℃恒温振荡器中恒温10 min后进行闻测。闻测过程中要求一手托住锥形瓶底部,一手握住锥形瓶瓶颈,并同时对锥形瓶进行晃动,使水样中的嗅味物质更容易挥发出来。闻味结束后,要求闻测人员对闻到的嗅味进行描述,并以7个强度等级来描述嗅味强度,FPA强度等级划分如表6-2所示。

表6-2　FPA强度单位的表示

数值	0	2	4	6	8	10	12
强度	无	很弱	弱	弱~中	中	中~强	强

(二) 嗅觉气相层析法(Sensory-GC,SENSORY-GC)

由于实验室的SENSORY-GC是在GC-MS的基础上接入嗅觉闻测系统,所以可以在进行嗅觉闻测的同时得到水样的GC-MS检测谱图。取1μg·L^{-1}的2-MIB和1μg·L^{-1}的GSM的混合溶液进行顶空固相微萃取后插入SENSORY-GC进行检测,得到2-MIB和GSM的嗅味时间图和GC-MS谱图,通过比较嗅味时间图上的嗅味出现时间和GC-MS谱图上的出峰时间验证两者在时间上的一致性。通过检测得到水样嗅味时间图上的出峰时间,将其与对应GC-MS谱图的出峰时间做对比,定性地确定相应味道所对应的嗅味物质。

（三）顶空固相微萃取和液液萃取

实验涉及的样品富集方法包括顶空固相微萃取和液液萃取两种。顶空固相微萃取用于灌区内水样富集和自来水厂原水臭氧氧化生成醛类的实验研究，液液萃取用于粉末活性炭吸附庚醛实验研究。

1. 顶空固相微萃取

顶空固相微萃取适用于富集微量挥发性成分，采用萃取头置于分析液体或固体样品上方的气相中，萃取、吸附挥发性或半挥发性成分。顶空固相微萃取操作简单方便，能有效减少液体或固体样品中干扰物质的影响。将待检测标样、所采集水样或反应后的溶液配制成特定溶液，取 100 mL 配制溶液置于 120 mL 自制夹套水浴萃取瓶中，加入磁子、30 g 氯化钠，用带聚四氟乙烯涂层胶垫的黑色瓶盖盖紧，置于恒温磁力搅拌器上，固定磁力转数，温度为 65 ℃，插入 GC-MS 萃取头，固定高度，65 ℃水浴循环 30 min，取下萃取头，插入 GC-MS 进行解析检测。

2. 液液萃取

将标液或反应之后的溶液配成特定溶液，用 10 mL 针筒抽取 10 mL，过玻璃纤维膜后，用 5 mL 枪头准确移取 5 mL 置于 25 mL 萃取瓶，加入 100 $mg \cdot L^{-1}$内标物质 5 μL 后，用 5 mL 移液枪移取 2 mL 正己烷加入萃取瓶，在多用途旋转摇床上以最大转数萃取 15 min 后，静置 15 min，用 1 mL 移液枪移取 1 mL 上层有机相，注入 2 mL 棕色色谱瓶，放到 GC-MS 连续进样器（AOC）使用 GC-MS进行检测。AOC 是指 GC-MS 的一个进样系统，可以通过对 GC-MS 进行 batch 编程后让 GC-MS 按着已有程序进行方法的调用和水样的有序检测。

3. GC-MS 测定嗅味物质

在进行 SIM 模式检测前，需要配备较高浓度待测目标物质的标样进行 SCAN 扫描，以确定其出峰时间并建立 SIM 方法。另外，由于 SIM 在检测前要对待测水样中的物质进行预判，所以检测物质有限，对于嗅味比较浓、水质比较差的水样也要进行 SCAN 模式扫描。

4. 具体方法

SIM 模式下，用内标法进行标准曲线的检测，内标物质为 IBMP，在上述 SCAN 条件下，所选定检测水样的 8 种典型嗅味物质庚醛、DMTS、2，4 -庚二烯醛、β -环柠檬醛、2 - MIB、2，4 -癸二烯醛、TCA 和 GSM 可以同时进行检测，其色谱图如图 6-1 所示。水样检测对应的 8 种典型嗅味物质的保留时间及特征离子质荷比如表 6-3 所示，检测得到的标准曲线如表 6-4 所示。同时，在上述 SCAN 条件下，修改升温程序为：初始温度 45 ℃，保持 5 min 后，采用 6.00 ℃/min 的升温速度将柱温升到 150.0 ℃，改成 30 ℃/min 的升温速度将柱温进一步升到

260.0 ℃，保持 2 min。原水臭氧氧化生成简单醛类实验中选择的己醛、庚醛、辛醛、癸醛以及苯甲醛也可以同时进行检测，其色谱图如图 6-2 所示，这 5 种醛类的保留时间和特征离子质荷比如表 6-5 所示，得到的标准曲线如表 6-6 所示。

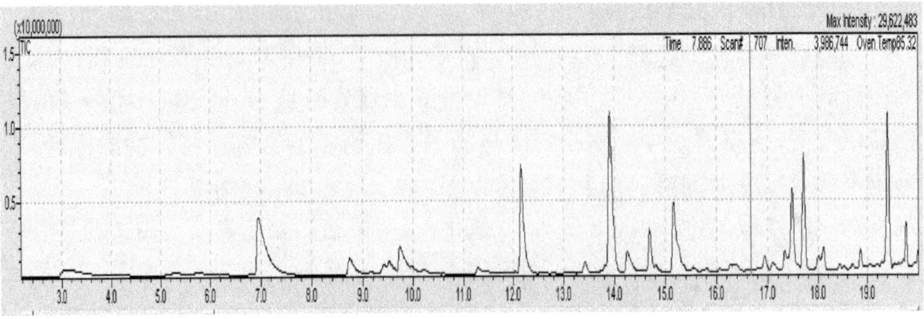

图 6-1　所选 8 种嗅味物质的色谱图

表 6-3　嗅味物质的保留时间和特征离子

嗅味物质	保留时间/min	特征离子质荷比（m/z）
庚醛	6.952	70,55
DMTS	8.741	45,79
2,4-庚二烯醛	9.744	81,110,53
IB（内标）	13.912	138,124
2-MIB	14.246	95,108
β-环柠檬醛	15.161	137,152
2,4-癸二烯醛	17.486	81,67
TCA	17.719	195,210
GSM	19.406	112,55

表 6-4　8 种物质的标准曲线

物质	线性方程	回归系数 R^2	检测范围/（$ng\cdot L^{-1}$）
庚醛	$Y=0.743X$	0.989	50～600
DMTS	$Y=0.064X$	0.988	5～60
2,4-庚二烯醛	$Y=0.219X$	0.992	50～600
2-MIB	$Y=0.137X$	0.992	5～60
β-环柠檬醛	$Y=0.196X$	0.996	5～60

续　表

物质	线性方程	回归系数 R^2	检测范围/(ng·L^{-1})
2,4-癸二烯醛	$Y=0.265X$	0.999	5～60
TCA	$Y=0.343X$	0.996	5～60
GSM	$Y=0.977X$	0.999	5～60

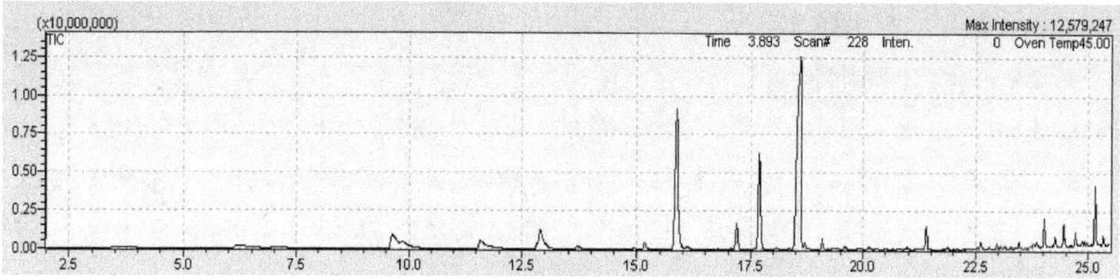

图 6-2　5 种简单醛类的色谱图

表 6-5　简单醛类的保留时间和特征离子

嗅味物质	保留时间/min	特征离子质荷比(m/z)
己醛	6.208	56,72
庚醛	9.633	70,55
苯甲醛	11.583	77,106
辛醛	12.901	56,84
IB	17.692	138,124
癸醛	18.601	57,82

表 6-6　简单醛类的标准曲线

物质	线性方程	回归系数 R^2	检测范围/(ng·L^{-1})
己醛	$Y=0.020\ 8X$	0.993	20～1 200
庚醛	$Y=0.040\ 5X$	0.998	20～1 200
苯甲醛	$Y=0.009\ 06X$	0.984	20～1 200
辛醛	$Y=0.089\ 4X$	0.982	20～1 200
癸醛	$Y=0.174X$	0.990	20～1 200

四、结果分析

(一) 缓流水体水质与嗅味调查

在水体产生嗅味问题时，快速准确地判断嗅味类型及程度，将有助于指定相应的嗅味治理措施。以宿迁市宿城区农村缓流水体的水质与嗅味调查为例，取不同季节的监测点水样，采用嗅味层次分析法进行分析，并对结果进行比较。

水样中的嗅味类型及水样的嗅味强度如表 6-7 所示。整体上看，各取样点水样嗅味强度随季节变化而产生规律性变化。冬季，1 月份水样嗅味强度在 8.5 以上，属于中强嗅味；春季与夏季相比，水样嗅味强度相差不大，且较冬季均有所降低，6 月份水样嗅味强度与 4 月份基本持平，9 月份各水样嗅味强度下降到 6.0 以下，嗅味较弱。

水样 1 嗅味强度相对稳定，冬、春、夏三季维持在 7.6～8.8，水样 2 嗅味强度波动较大，1 月份可达到 11，嗅味强烈，4 月份下降到 8.3，9 月份仅为 3.8。水样 1 中嗅味类型主要表现为泥味和腐殖质味，水样 2 主要表现为腐败味和草味。水样 3 和水样 4 嗅味强度相近，1 月份嗅味强度较大，分别为 8.5、8.6，4、6 月份略下降并保持稳定，9 月份再次下降。水样 3 主要表现为腥味、酸臭味、土味；水样 4 主要表现为草味和腥味。此外，还需注意到各水样在不同取样时间点都偶现化学品味，说明水体受到了工业废水的污染。

表 6-7　水样嗅味类型

取样时间	名称	嗅味描述	取样时间	名称	嗅味描述
2018.01	水样 1	鱼腥味、泥味、化学品味	2018.06	水样 1	腐殖质味、泥味、草味
	水样 2	腐败味、草味、腥臭味		水样 2	腐败味、泥味、草味
	水样 3	腥臭味、淤泥味		水样 3	酸臭味、草味、腥味
	水样 4	腐殖质味、腥味、泥味		水样 4	草味、腥味、化学品味
2018.04	水样 1	腐殖质味、泥味	2018.09	水样 1	腐殖质味、泥味
	水样 2	腐败味、泥味、化学品味		水样 2	泥味、腥味
	水样 3	酸臭味、草味、腥味、化学品味		水样 3	腐败味、土霉味
	水样 4	草味、腥味		水样 4	腐败味、泥味

泥样中嗅味类型及嗅味强度如表 6-8 及图 6-3 所示，与水样 FAP 结果对比，不难发现泥样中嗅味类型与水样中嗅味类型相似，泥样嗅味强度整体变化规律也与水样相似，但泥样中嗅味更为强烈，嗅味强度更大。

由图可以看出，泥样 1 在冬季嗅味强度可达 9.6，夏季和秋季次之，分别为 8 和 6.3，春季嗅味强度最小仅为 6，嗅味主要表现为泥味和腥味。泥样 2 嗅味强度在冬、春、夏三季均高于其他泥样，其中冬季嗅味强度最高可达 10.8，而到了秋季其嗅味强度明显降低，仅为 3.5，嗅味类型表现为腐败味、腥味以及淤泥味。泥样 3 和泥样 4 嗅味强度相对较弱，冬季其嗅味强度分别为 8.9 和 9.1，之后随季节变化从春季至秋季呈现缓慢下降趋势，秋季达到嗅味强度最低值，为 4.0 以下。泥样 3 嗅味类型主要表现为腥味、腐败味，泥样 4 嗅味类型主要是泥味、草味以及略微带有腥味。此外，泥样中也偶见化学品味。

表 6-8　泥样嗅味类型

取样时间	名称	嗅味描述	取样时间	名称	嗅味描述
2018.01	泥样 1	淤泥味、腐败味、化学品味	2018.06	泥样 1	泥味、腥味、腐败味
	泥样 2	腐败味、腥臭味、淤泥味		泥样 2	腐败味、腥味、淤泥味
	泥样 3	淤泥味、草味		泥样 3	腥味、草味、淤泥味
	泥样 4	腐败味、腥味、泥味		泥样 4	泥味、草味、腥味、化学品味
2018.04	泥样 1	泥味、腥味、刺鼻味	2018.09	泥样 1	腐败味、淤泥味
	泥样 2	腐败味、腥味、淤泥味		泥样 2	草腥味、淤泥味
	泥样 3	腥味、草味、刺激味、化学品味		泥样 3	腐败味、霉味、泥味
	泥样 4	泥味、草味、腥味		泥样 4	泥味、草味

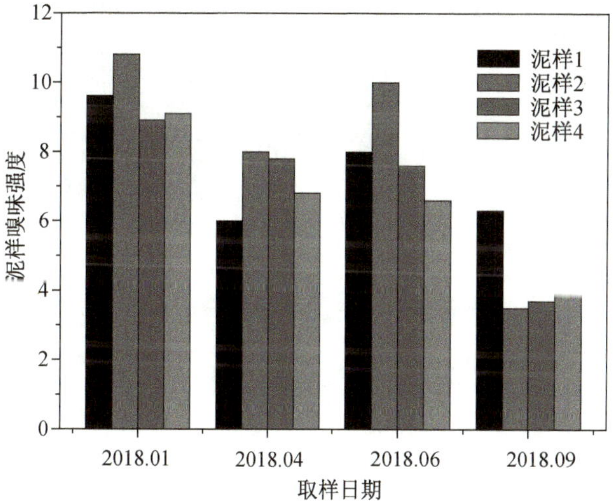

图 6-3　泥样嗅味强度

（二）缓流水体嗅味物质检测与分布

试验中通过大体积顶空固相微萃取对水样和泥样中的嗅味物质进行富集，

气相色谱-质谱联用检测嗅味物质，从而降低嗅味物质的检出限；利用 GC-MS 对物质峰的全扫描（SCAN）对待测水样中的嗅味物质进行定性分析，利用 SIM 对特定的水样中嗅味物质浓度进行定量测定。

1. 缓流水体中嗅味物质的定性分析

根据 2018 年 1 月—2018 年 9 月 4 次采样结果的 SCAN 分析，可以获得样品中嗅味类型及不同的取样时间样品中不同类型的嗅味物质占该时间点样品中嗅味物质总量的占比图，具体结果见图 6-4 及图 6-5。

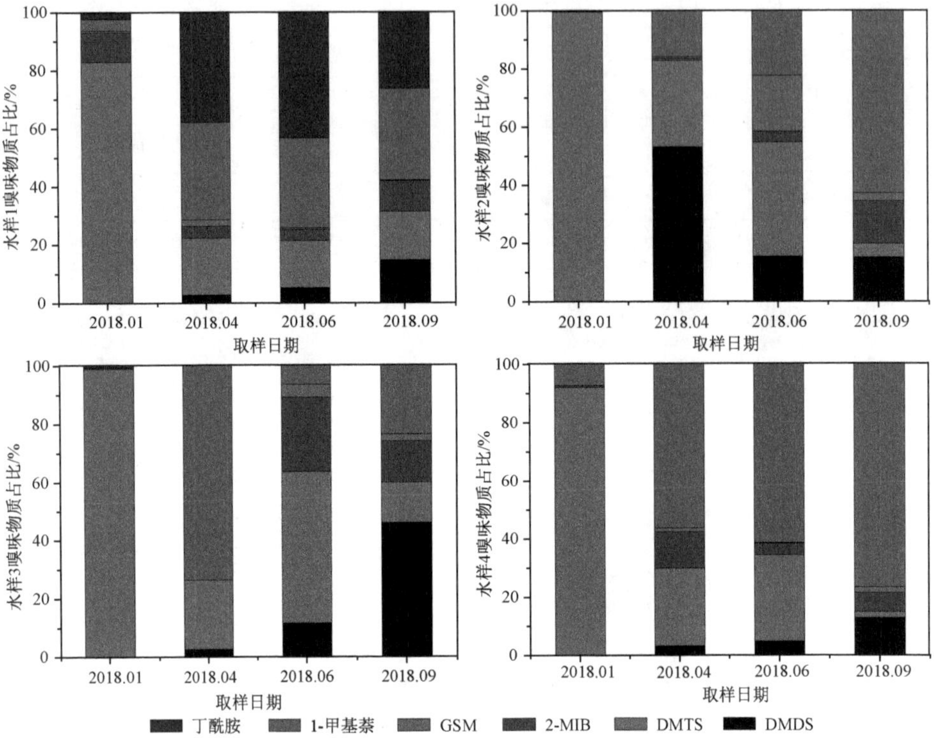

图 6-4　水样嗅味物质类型及占比

由图 6-4 可以看出，水样中主要嗅味物质包括二甲基二硫醚（DMDS）、DMTS、2-MIB、GSM、1-甲基萘及丁酰胺，其中以 DMDS、DMTS、1-甲基萘相对含量最高。相关研究表明硫醚类物质主要由细菌代谢产生，或是由青草以及藻类等有机体在缺氧腐败过程中产生，具有很强的鱼腥味和腐败味；2-MIB 和 GSM 主要由放线菌、真菌和蓝绿藻等微生物代谢产生，常存在于富营养化水体中，表现为较强的土霉味、土味。1-甲基萘及丁酰胺是重要的有机合成原料，1-甲基萘有类似萘的气味。

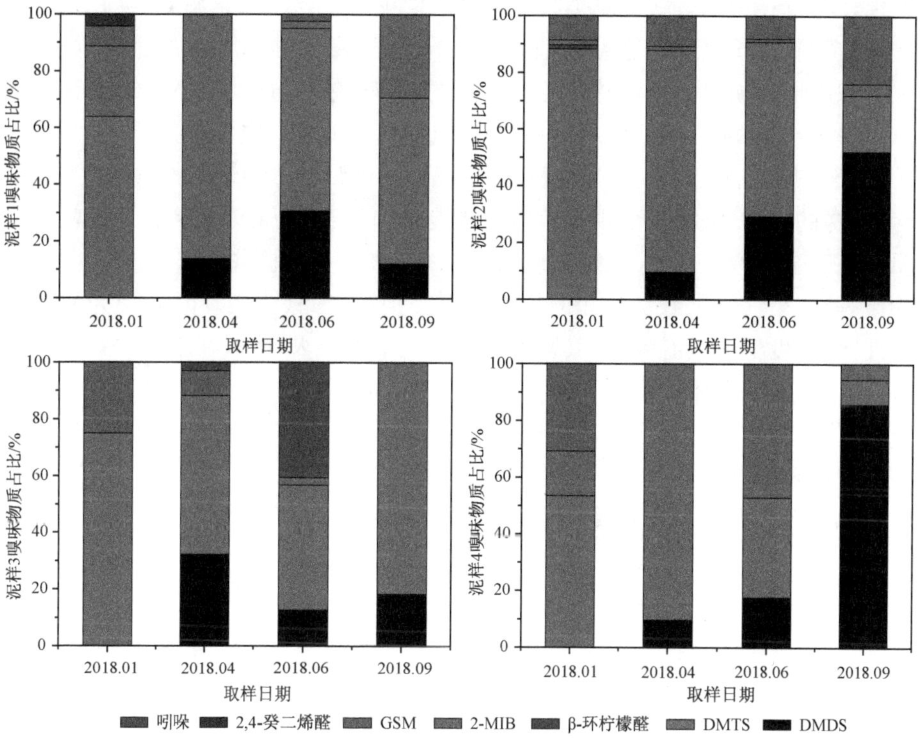

图 6-5　泥样嗅味物质类型及占比

DMTS 为 1 月份各水样中的主要嗅味物质，其最高占比可达 99.4%。4 月份各水样中 DMTS 含量均大幅下降，其中水样 1 中 DMTS 占比保持在 20%左右，而水样 2、3、4 中 DMTS 占比在夏季出现小幅上升后又大幅下降。DMDS 在各水样中也占有一定的比例，前三个季度水样 1、3、4 中 DMDS 所占比例一直在不断升高，水样 2 中 DMDS 占比在春季时突增，之后持续降低。硫醚类物质在各水样中的存在使得水体所表现出的腐败味、鱼腥味与 FPA 的分析结果相符合。

除了大量的硫醚类物质之外，4 个水样中 1－甲基萘和 2－MIB 的占比也较高，此外还含有少量的 GSM。1－甲基萘是水样中除了 DMTS 之外含量最高的嗅味物质，尤其是水样 4，4 月份和 6 月份其 1－甲基萘含量几乎占到所检测到的嗅味物质含量的一半。除此之外，水样 1 中还检测到一定含量的丁酰胺。

为了全面识别水体中的嗅味物质及其在水体中的分布特征，本研究中还对河道底泥中嗅味物质进行了分析，结果见图 6－5。

从图中可以看出，底泥中与水体中相同的嗅味物质包括 DMDS、DMTS、2－MIB、GSM，而 1－甲基萘、丁酰胺等化学制品在底泥中几乎没有检测到。不难发现，DMDS、DMTS 等硫醚类物质也是底泥中的主要嗅味物质，并且底泥中的硫醚类物质占比更大。这可能是水体中的水草、藻类等物质死亡后沉至水底，大量积压形成缺氧环境，而缓慢产出硫醚类嗅味物质，并且因环境的限制而难以降解所造成的。除了与水体中相同的嗅味物质外，底泥中还含有少量的2,4-癸二烯醛、吲哚、β-环柠檬醛。研究表明，少量的β-环柠檬醛表现为青草味，泥样的 FAP 分析中出现青草味可能与β-环柠檬醛相关，当水中微囊藻含量较高时会导致β-环柠檬醛浓度过高。吲哚是一种重要的化工原料，广泛应用于香料、染料、农药、食品和饲料添加剂等领域，吲哚浓度高时表现为强烈的粪便味，浓度低时具有香味，其密度大于水且不溶于水，所以在水样中并未检测到吲哚，而在底泥中检测到了一定量的吲哚。2,4-癸二烯醛是酯类氧化降解产物，具有强烈的油脂气息，是调配香精的重要原料，2,4-癸二烯醛及吲哚在底泥中出现意味着水体有可能受到了香精废水的污染。

以上几种典型嗅味物质性质如表 6-9 所示。

表 6-9 几种典型嗅味物质性质

名称	化学式	结构式	嗅阈值/$(ng \cdot L^{-1})$
DMDS	$C_2H_6S_2$		0.1
DMTS	$C_2H_6S_3$	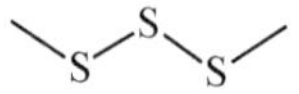	10
2-MIB	$C_{11}H_{20}O$	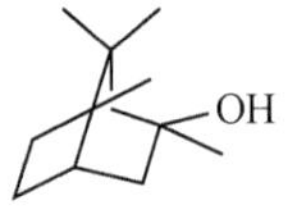	6～42
GSM	$C_{12}H_{22}O$	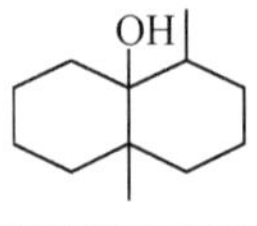	4～20
吲哚	C_8H_7N	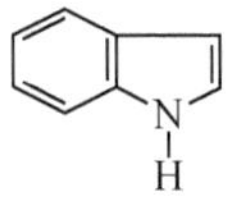	100
β-环柠檬醛	$C_{10}H_{16}O$	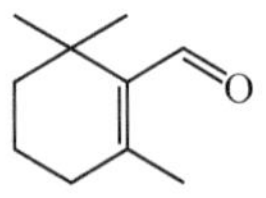	3.0～19

2. 缓流水体中嗅味物质的定量分析

在 GC-MS 对样品中嗅味物质 SCAN 定性分析的基础上，利用 SIM 对特定的嗅味物质进行定量分析，获得相应样品中典型嗅味物质的浓度。

根据 2018 年 1 月—2018 年 9 月 4 次采样结果的 SIM 分析，可以获得不同时间、不同特征农村水体中的嗅味物质类型。

缓流水体中 DMTS 浓度如图 6-6 所示。1 月份检测到较高浓度的 DMTS，故将其单独分析。可以看出水样 2 检测到高达 120 $\mu g \cdot L^{-1}$ 的 DMTS，水样 1、水样 3 和水样 4 检测到 3 $\mu g \cdot L^{-1}$ 的 DMTS。泥样 2 中检测到 3.6 $\mu g \cdot L^{-1}$ 的 DMTS，泥样 1 中检测到了 600 $ng \cdot L^{-1}$ 的 DMTS，而泥样 3、4 中 DMTS 含量较低。

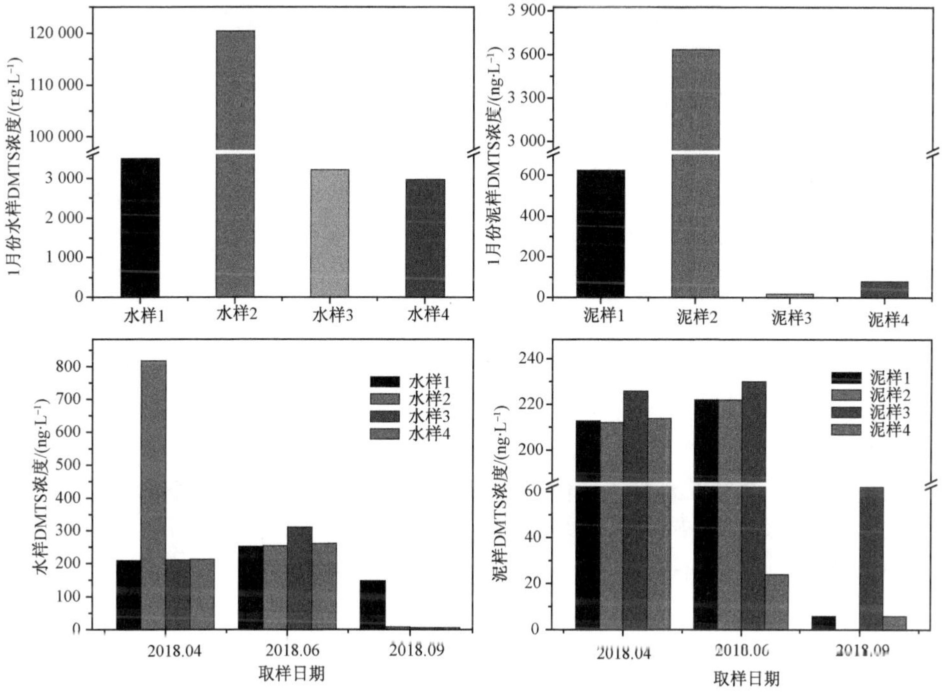

图 6-6 不同月份样品中 DMTS 的 SIM 结果比较

此外，可以看出 4 月份和 6 月份各水样中 DMTS 浓度十分接近，泥样中 DMTS 浓度变化规律也相似。4 月份除水样 2，其余各水样中的 DMTS 浓度基本在 210～215 $ng \cdot L^{-1}$ 之间，泥样中除泥样 3，DMTS 浓度在 212～216 $ng \cdot L^{-1}$ 之间。9 月份除了水样 1（148 $ng \cdot L^{-1}$）及泥样 3（62 $ng \cdot L^{-1}$），其余水样与泥样中 DMTS 浓度都低于 10 $ng \cdot L^{-1}$。

缓流水体中 DMDS 浓度如图 6-7 所示。从图中可以看出，1 月份各水样中均未检测到 DMDS,而 4 月份各水样均检测到一定浓度的 DMDS,尤其是水样 2 中,DMDS 浓度达 1 460 ng · L^{-1}。6 月份除了水样 2,其余水样中 DMDS 浓度均在上升。9 月份时水样 1 中 DMDS 浓度仍在持续上升,而其余水样中的 DMDS 浓度又出现大幅下降的趋势。

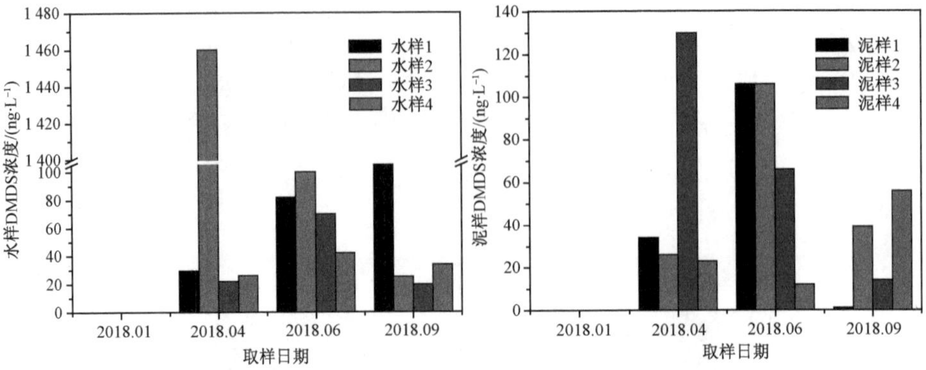

图 6-7 不同月份样品中 DMDS 的 SIM 结果比较

泥样中 DMDS 含量总体略高于水样中的含量。由图 6-7 可以看出,1 月份泥样中也未检测到 DMDS,4—9 月份,泥样 1、2 中 DMDS 浓度呈现先升高再下降趋势,且浓度相近。泥样 3 中 DMDS 浓度则在持续下降,最高时可达 130 ng · L^{-1},最低时仅为 15.2 ng · L^{-1}。泥样 4 中 DMDS 整体浓度最低,变化幅度也较不明显。进一步分析时间(季节)、地理位置和农村特征的影响,可以得出距离农村集中居住区较近的 2 号取样点,其水中 DMDS 的浓度偏高。随温度的增加,DMDS 的含量逐渐降低。

综合取样点附近的现场条件,2 号取样点周边生长有大量水草,随温度升高,其生长量和密度均有明显增加。DMDS 和 DMTS 主要来源于生活污水中的粪便等,因此水中大量生长的水生植物对硫醚类嗅味物质具有较好的控制效果。

泥样中的 DMDS,可能来自多年沉积的底泥。由于 2 号河道取样点和 3 号水塘取样点均位于村庄附近,且近 5 年均未清淤,因此泥样中硫醚类物质明显较高。

2-MIB 和 GSM 主要表现为土霉味,一般由放线菌和蓝藻产生,也可由某些真菌产生,这两类物质在自然水体尤其是富营养水体中很容易检出,说明这些水体均存在不同程度的富营养化。2-MIB 和 GSM 在水体中的含量整体上较低,GSM 含量略高于 2-MIB。

从图 6-8 中可以看出,1 月份水样中检测到的 2-MIB 浓度较高(水样 1 为 427 ng · L^{-1}),4—9 月份水样中 2-MIB 浓度整体上呈现先上升后下降趋势,在藻类繁殖茂盛的夏季(6 月份)2-MIB 浓度稍高，水样 3 中夏季 2-MIB 浓度为 152 ng·L^{-1}，其余样品中 2-MIB 浓度基本低于 100 ng·L^{-1}，且大多低于 50 ng·L^{-1}。泥样中 2-MIB 浓度变化规律与水样相似，泥样 1 和泥样 2 在1 月份分别检测到较高浓度(243.8 ng·L^{-1}和 66.4 ng·L^{-1})，4、9 月份各泥样中 2-MIB 浓度较低(低于 10 ng·L^{-1})，夏季(6 月份)浓度较高。

从图 6-9 中可以看出，水样 2 和泥样 2 在 1 月份分别检测到 580 ng·L^{-1}和 356.8 ng·L^{-1}GSM，4—9 月份水样中 GSM 浓度与 2-MIB 浓度变化规律类似，同样出现先上升后下降的趋势，水样在 6 月份(夏季)出现短暂的上升。同时可以看出，随着时间推移，检测出 GSM 的泥样越来越少，所含 GSM 的浓度也越来越低，9 月份时只有泥样 2 中仍然检测出 GSM。

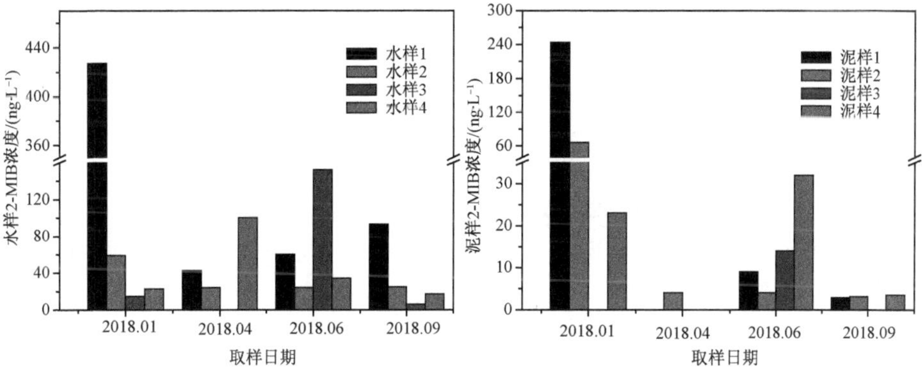

图 6-8　2-MIB 的 SIM 结果比较

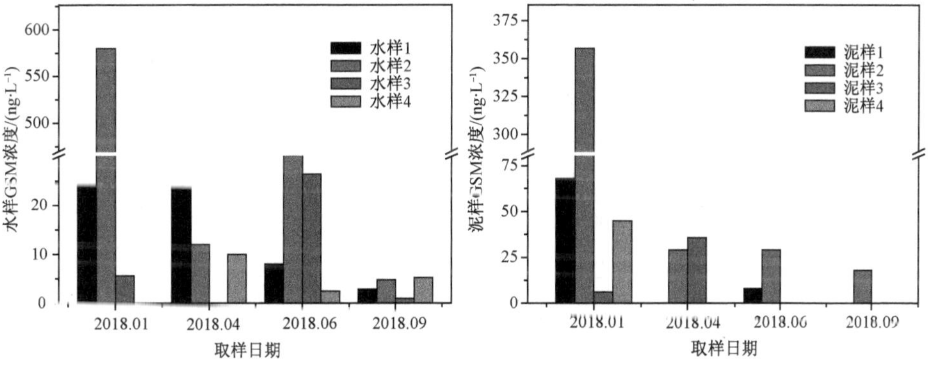

图 6-9　GSM 的 SIM 结果比较

在上述讨论中，分别在冬(1 月份)、春(4 月份)、夏(6 月份)、秋(9 月份)4 个季节对 4 个取样点中的水样及对应的泥样中的嗅味类型、嗅味物质种类及嗅味物质浓度进行了分析。不难发现，冬季(1 月份)农村缓流水体中的嗅味强度、嗅味物质浓度高于其他季节，春夏季的嗅味类型更丰富。而这一现象与孙丽丽、殷一辰等人依托于平原河网、水库的研究结果相悖，这也揭示了该地区农村缓流水体中嗅味物质变化规律异于其他类型水体的特殊性。结合相关资料可以推测，农村地区污水处理设施的缺乏，导致大量污废水入河，而缓流水体本身水体流动性差，冬季时水草少、微生物活性低，水体自净能力弱，导致大量污染物累积，产生大量诸如硫醚类嗅味物质。春季时气温回升，水草生长、微生物活动恢复，嗅味物质被降解后浓度下降。而夏季时缓流水体存在不同程度的富营养现象，导致藻类繁衍，嗅味物质及嗅味强度又会有一定上升。经过春、夏、秋季降解之后，嗅味物质浓度大大下降，故而 9 月份嗅味物质及嗅味强度最低。同时，可以发现该地区嗅味污染情况随四季更替能够得到缓解，说明该地区农村缓流水体污染情况不是十分严重，水体仍然具有较强的恢复力，但是发现的化学品味说明该地区的农村缓流存在潜在的工业废水污染。这一发现再次证明了我国目前农村水体存在的问题，即污染情况现状不是十分严重，但是由于缺少完善的污水处理设施，水体受污染情况在逐步加重，尤其体现在工业污染源对于农村缓流水体的污染。

此外，根据上述分析结果不难看出，取样点 2 中嗅味物质浓度高，尤其是硫醚类物质，但是其降解也最为迅速。取样点 3 中因藻类产生的嗅味物质在春夏季明显高于其他水体，取样点 4 嗅味物质含量整体最低，嗅味污染较低。取样点 1 中硫醚类及 2-MIB、GSM 等浓度低，但是工业污染较为严重。

分析水域特点的影响可以看出，取样点 2 距离农村集中居住区较近，因此水中硫醚类物质含量高，而综合取样点附近的现场条件可以看出，2 号取样点周边生长有大量水草，随温度升高，其生长量和密度均有明显增加，可以推测水中大量生长的水生植物对硫醚类嗅味物质具有较好控制效果。同时，由 1-甲基萘浓度在逐渐降低发现，夏季以茂盛的水草为主的天然生态处理系统对 1-甲基萘的降解具有一定的效果，取样点 3 为池塘，取样点 2 水草较为茂盛，说明生态塘系统或茂盛的水草对 1-甲基萘的处理效果较好。春夏秋季取样点 4 中水草覆盖率高，周围更是傍有 2 到 3 处水塘，因此整体水质较好，嗅味物质含量低，这也进一步证明了自然生态处理系统对于嗅味物质的降解去除具有一定的效果。

第二节　灌区缓流水体嗅味物质生态防控技术

一、缓流水体嗅味物质生态防控技术

根据前期已有调研，选取嗅味物质和嗅味强度等常规指标，监测农村缓流水体。结果表明，生态塘系统、湿地系统两种典型的水环境保护生态防控技术，对嗅味物质的防控均有明显效果。

以宿迁典型农村缓流水体为例，分别监测不同季节典型农村生态塘、典型农村湿地上下游监测断面的嗅味物质和常规水质指标。典型取样点的采样分析结果表明，传统生态塘系统和湿地系统对水中常规污染物具有一定的去除效果。这类生态工程的去除效果与季节、温度、水生植物的生长情况具有一定的联系。总体上传统的生态塘和湿地等生态工程对 COD_{Mn} 的平均去除效率可达到 10%～15%，TN 的去除率约为 5%～9%，TP 的去除率约为 8%～12%，NH_4^+-N 的去除率约为 10%～13%。

二、缓流水体嗅味物质生态防控技术优化

尽管生态塘和湿地系统对水中常规污染物具有一定的去除效果，但对水中典型嗅味物质去除效果并不明显。针对传统生态工程对水中典型嗅味物质削减效果不佳的问题，通过提高系统溶解氧浓度、强化生态工程中的氧传质效率和增加生化反应过程中的氧化还原电位差、促进生化反应速率两个方面出发，分别研发了新型仿生增氧铁碳微电解人工湿地、新型铁碳人工水草强化生态塘系统，以期解决传统生态工程在嗅味物质防控中的弊端。

（一）仿生增氧铁碳微电解人工湿地对嗅味物质的控制

1. 仿生增氧铁碳微电解人工湿地的构建

根据仿生增氧湿地基本原理，结合典型嗅味物质的去除要求，围绕灌区内几种常见的缓流水体中的典型嗅味物质问题，从“源头—过程—末端”出发，开展技术研发与集成；针对典型嗅味源复杂多样、传统嗅味物质去除工艺难以去除全部的典型嗅味物质等问题，开展技术攻关，通过新型功能材料的研究、基质填料的改进以及仿生增氧系统研发，在现有湿地技术改进的基础上，通过技术集成，构建“仿生增氧铁碳微电解人工湿地”新型人工湿地系统，以期在湿地中借助好氧条件和铁碳原电池作用，增强湿地系统对传统生态技术难以降解的嗅

味物质的净化效果。

仿生增氧铁碳微电解人工湿地主要包括湿地单元、增氧机和进出水区三部分，示意图如图 6-10 所示。增氧机和进出水单元，通过水位的调控，在湿地单元定期产生虹吸作用，模拟哺乳动物肺呼吸的过程，实现湿地单元的复氧。

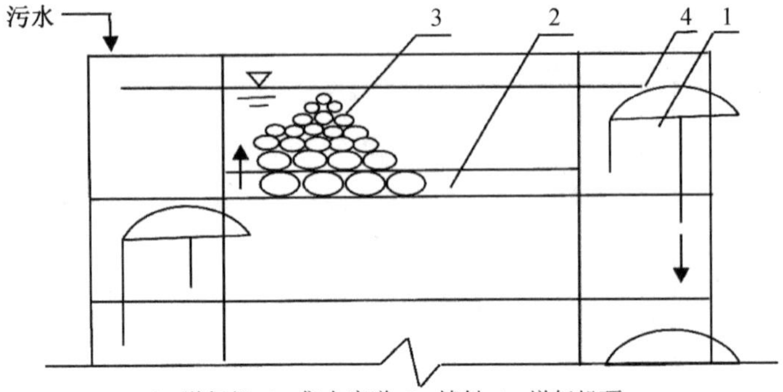

1. 增氧机；2. 集水廊道；3. 填料；4. 增氧机顶。

图 6-10　仿生增氧湿地结构示意及单体大样图

为进一步提高仿生增氧湿地的典型嗅味物质净化效果，本研究中采用黄砂、沸石与炉渣掺杂铁碳填料的基质分层布设方法，替代了传统人工湿地所采用的砾石、黄砂布设方法。沸石具有较强的吸附极性，对相对分子质量较小的嗅味物质如 2-MIB、GSM、IPMP、IBMP 以及 DMTS 等具有一定的吸附性能；同时也是良好的微生物载体，能为典型嗅味物质的生物降解创造有利条件。煤渣是一种回收资源，主要成分为石英、菱铁矿、氧化钙、方解石等，对典型嗅味物质也有一定的吸附效果，同时对磷酸盐有较强的吸附性能，在仿生增氧湿地中作为底层基质。混掺的铁碳填料在湿地中水流的作用下，能够产生内电解作用，通过原电池反应将大分子嗅味物质降解为小分子有机物，进而更易被基质中的吸附材料吸附，同时在好氧条件下，也更易被附着在基质上的好氧微生物降解。

砂子对水的过滤性好，用来作为上层填料，可以起到均匀配水的作用，试验用砂为普通建筑用砂，铺设于生态滤床表面，可种植景观植物。湿地采用潜流式，通过内部设置隔板，使水流历程由下向流至上向流，历经不同功能基质，并延长污染物与基质的接触作用时间。

2. 结果分析

(1) 仿生增氧铁碳人工湿地对 COD_{Mn}、TN、TP、NH_4^+-N 等常规污染物具有较好的去除效果。当铁碳颗粒与粗砂的比例为 1∶10 时，经过一个周期的处理后，COD_{Mn}、NH_4^+-N、TN、TP 的去除率分别能够达到 17.96%、53.97%、19.41% 和 16.11%。

(2) 仿生增氧铁碳人工湿地对典型嗅味物质中的 GSM 有一定的去除效果。当铁碳颗粒与粗砂的比例为 1∶10 时，经过一个周期的处理后，GSM 的去除率能够达到 21.07%。

(二) 铁碳人工水草强化生态塘系统对嗅味物质的削减

1. 铁碳人工水草强化生态塘系统的构建

生态塘系统的构建，既要实现对灌区缓流水体中典型嗅味物质的控制，又考虑到对缓流水体的生态修复，因此采用微生物分解法能在实现灌区缓流水体中典型嗅味物质削减的同时，提升水体的水环境容量。通过室内实验筛选出最佳的人工水草类型和人工水草在不同温度等运行参数条件下对典型嗅味物质的去除效果，进而结合铁碳微电解技术在所选水塘进行初步应用，得出人工水草技术在生态塘原位净化典型嗅味物质的提高效果，探讨得出适合灌区缓流水体水质改善和生态修复的人工水草技术。

2. 不同季节对人工水草净化嗅味物质效果的影响

温度过高或过低，都会影响酶的活性，进而影响某些微生物的生长速度。温度通过对微生物生长速度的影响进而对人工水草挂膜产生影响。通过对春夏秋冬 4 个季节人工水草去除 DMTS、2-MIB 以及 GSM 等典型嗅味物质浓度效果的实验，可以探究温度对人工水草运行效果的影响。

3. 结果分析

(1) 铁碳人工水草系统对 COD_{Mn}、NH_4^+-N、TN 和 TP 等常规污染物具有较好的去除效果。经过 8 个周期的处理后，COD_{Mn}、NH_4^+-N、TN 和 TP 的去除率达到了 30.68%、59.92%、31.92%和 64.02%。对于微生物多样性方面，铁碳微电解协同碳纤维人工水草共同作用相比碳纤维人工水草可能会降低微生物群落的物种丰度和多样性，但铁碳微电解能够定向筛选微生物，有利于促进脱碳除磷等相关特定菌种的产生。

(2) 铁碳人工水草系统对典型嗅味物质中的 DMTS、2-MIB 及 GSM 有一定的去除效果。铁碳微电解协同碳纤维人工水草共同作用，经过一个周期的运行，DMTS、2-MIB 及 GSM 的去除率分别为 19.12%、19.82%和 20.02%。

(3) 铁碳人工水草系统对典型嗅味物质中的 DMTS、2-MIB 及 GSM 的净化效果会受到不同季节的温度影响。铁碳人工水草系统在春夏两季对 DMTS、2-MIB 及 GSM 3 种典型嗅味物质的净化效果均最佳，去除率分别为 13%～20%、14%～19%和 15%～20%。

参考文献

[1] OLAREWAJU O E, ADETUNJI M T, ADEOFUN C O, et al. Nitrate and phosphorus loss from agricultural land: Implications for nonpoint pollution[J]. Nutrient Cycling in Agroecosystems, 2009,85(1):79-85.

[2] 茆智. 水稻节水灌溉及其对环境的影响[J]. 中国工程科学, 2002,4(7):8-16.

[3] 俞双恩,彭世彰,王士恒,等. 控制灌溉条件下水稻的群体特征[J]. 灌溉排水, 1997(2):22-25.

[4] 彭世彰,俞双恩,张汉松,等. 水稻节水灌溉技术[M]. 北京:中国水利水电出版社, 1998.

[5] 郭相平,袁静,郭枫,等. 水稻蓄水-控灌技术初探[J]. 农业工程学报, 2009,25(4):70-73.

[6] LU B, SHAO G C, YU S E, et al. The effects of controlled drainage on N concentration and loss in paddy field[J]. Journal of Chemistry, 2016,2016(2):1-9.

[7] 肖梦华. 农田水位调控对稻田水环境和根系土壤微环境变化的影响研究[D]. 南京:河海大学, 2013.

[8] 彭世彰,丁加丽. 国内外节水灌溉技术比较与认识[J]. 水利水电科技进展, 2004(4):49-52.

[9] KHEPAR S D, YADAV A K, Sondhi S K, et al. Water balance model for paddy fields under intermittent irrigation practices[J]. Irrigation Science, 2000,19(4):199-208.

[10] OAD R, AZIM R. Irrigation policy reforms for rice cultivation in Egypt[J]. Irrigation and Drainage Systems, 2002,16(1):15-32.

[11] 顾春梅,赵黎明. 国内外寒地水稻节水灌溉技术研究进展[J]. 北方水稻, 2012,42(4):70-72.

[12] 俞双恩,缪子梅,邢文刚,等. 以农田水位作为水稻灌排指标的研究

进展[J]. 灌溉排水学报，2010,29(2):134-136.

[13] 彭世彰,高焕芝,张正良. 灌区沟塘湿地对稻田排水中氮磷的原位削减效果及机理研究[J]. 水利学报，2010,41(4):406-411.

[14] VYMAZAL J, BĬEZINOVÁ T. The use of constructed wetlands for removal of pesticides from agricultural runoff and drainage: A review[J]. Environment International, 2015,75(2):11-20.

[15] 朱成立,郭相平,刘敏昊,等. 水稻沟田协同控制灌排模式的节水减污效应[J]. 农业工程学报，2016,32(3):86-91.

[16] 张瑜芳,张蔚榛. 以作物受渍持续时间为基础的地下水排水标准[J]. 农田水利与小水电，1994(9):14-20.

[17] 沈荣开,王修贵,张瑜芳,等. 涝渍排水控制指标的初步研究[J]. 水利学报，1999(3):71-74.

[18] 罗纨,贾忠华,方树星,等. 灌区稻田控制排水对排水量及盐分影响的试验研究[J]. 水利学报，2006,37(5):608-612,+618.

[19] 彭世彰,徐俊增,丁加丽,等. 节水灌溉与控制排水理论及其农田生态效应研究[J]. 水利学报，2007(S1):504-510.

[20] 谢升申,俞双恩,丁继辉,等. 田间控制排水系统布局模式与相关技术的研究[J]. 中国农村水利水电，2012(12):32-35.

[21] 马均,马文波,田彦华,等. 重穗型水稻植株抗倒伏能力的研究[J]. 作物学报，2004, 30(2):143-148.

[22] 郭相平,甄博,王振昌. 旱涝交替胁迫增强水稻抗倒伏性能[J]. 农业工程学报，2013,29(12):130-135.

[23] SKAGGS R W. A water management model for shallow water table soils[M]. Raleigh: Water Resources Institute of the University of North Carolina, 1978.

[24] BREVE M A, SKAGGS R W, PARSONS J E, et al. Drainmod-N, a nitrogen model for artificially drained soils[J]. Transaction of the ASAE, 1997,40(4):1067-1075.

[25] 王亮. 宁夏银南灌区稻田控制排水试验研究[D]. 西安:西安理工大学，2006.

[26] 罗纨,贾忠华, SKAGGS R W,等. 利用DRAINMOD模型模拟银南灌区稻田排水过程[J]. 农业工程学报，2006, 22(9):53-57.

[27] 耿园. 平原河网地区稻田灌排过程及用水管理研究[D]. 扬州:扬州大学，2016.

[28] 王宁,俞双恩,叶兴成. DRAINMOD-NⅡ模拟暴雨后稻田排水及氮素变化[J]. 人民黄河，2014,36(10):136-140.

[29] 王姣,俞双恩,李彧伟,等. 应用DRAINMOD-NⅡ模型对暴雨后稻田排水量和氮素模拟[J]. 水资源与水工程学报，2018,29(2):246-252.

[30] THORNWAITE C W. An approach toward a rational classification of climate[J]. Geographical Review，1948,38(1):55-89.

[31] 张亚丽. 水稻氮效率基因型差异评价与氮高效机理研究[D]. 南京：南京农业大学，2006.

[32] 雷勋平,邱广华. 基于熵权 TOPSIS 模型的区域资源环境承载力评价实证研究[J]. 环境科学学报，2016,36(1):314-323.

[33] 杨增玲,楚天舒,韩鲁佳. 灰色关联理想解法在秸秆综合利用方案优选中的应用[J]. 农业工程学报，2013,29(20):179-191.

[34] 倪九派,李萍,魏朝富,等. 基于 AHP 和熵权法赋权的区域土地开发整理潜力评价[J]. 农业工程学报，2009,25(5):202-209.

[35] 曹睿哲,俞双恩,高世凯,等. 基于熵权 TOPSIS 模型水稻旱涝交替胁迫条件下排灌方案评价[J]. 中国农村水利水电，2017(3):45-49.

[36] 郭相平,黄双双,王振昌,等. 不同灌溉模式对水稻抗倒伏能力影响的试验研究[J]. 灌溉排水学报，2017,36(5):1-5.

[37] 段传人,王伯初,王凭青. 水稻茎秆的结构及其性能的相关性[J]. 重庆大学学报(自然科学版)，2003,26 (11):38-40.

[38] 王振昌,郭相平,吴梦洋,等. 旱涝交替胁迫条件下粳稻株高生长模拟与分析[J]. 中国农村水利水电，2016(9):50-56.

[39] 赵振东,赵宏伟,邹德堂,等. 分蘖期冷水胁迫对水稻生长及产量的影响[J]. 灌溉排水学报，2015,34(11):30-34.

[40] 肖梦华,胡秀君,褚琳琳. 水稻株高生长对旱涝交替胁迫的动态响应研究[J]. 节水灌溉，2015(9):15-18+22.

[41] 邢黎峰,孙明高,王元军. 生物生长的 Richards 模型[J]. 生物数学学报，1998，13(3):348-353.

[42] 郑立飞,赵惠燕,刘光祖. Richards 模型的推广研究[J]. 西北农林科技大学学报(自然科学版)，2004，32(8):107-110.

[43] 凌启鸿,苏祖芳,张海泉. 水稻成穗率与群体质量的关系及其影响因素的研究[J]. 作物学报，1995，21 (4):463-469.

[44] 詹可,邹应斌. 水稻分蘖特性及成穗规律研究进展[J]. 作物研究，2007，21 (5):588-592.

[45] SKAGGS R W, BRVE M A, GILLIAM J M. Predicting effects of water table management on loss of nitrogen from poorly drained soils[J]. European Journal of Agronomy, 1995,4(4):441-451.

[46] GREGOIRE C, ELSAESSER D. Mitigation of agricultural nonpoint-source pesticide pollution in artificial wetland ecosystems [J]. Environmental Chemistry Letters, 2009,7(3):205-231.

[47] 罗纨,朱金城,贾忠华,等. 排水沟塘分布特性及与农田水力联系对水质净化能力的影响[J]. 农业工程学报, 2017,33(10):161-167.

[48] 丁继辉. 土地整理项目区适宜水面率研究[D]. 南京:河海大学, 2010.

[49] OSTROUMOV S A. On some issues of maintaining water quality and self-purification[J]. Water Resources, 2005,32(3):305-313.

[50] PETROSIAN L, ZACCOUR G. Time-consistent Shapley value allocation of pollution cost reduction[J]. Journal of Economic Dynamics and Control, 2003,27(3):381-398.

[51] 雷丹妮. 小流域地表水环境容量计算方法与利用研究[D]. 成都:四川大学, 2006.

[52] 郭元裕. 农田水利学[M]. 3 版. 北京:中国水利水电出版社, 1997.

[53] WOLI K P, DAVID M B, COOKE R A, et al. Nitrogen balance in and export from agricultural fields associated with controlled drainage systems and denitrifying bioreactors[J]. Ecological Engineering, 2010,36(11):1558-1566.

[54] WESSTRÖM I, MESSING I, LINNÉR H. The effects of controlled drainage on subsurface outflow from level agricultural fields[J]. Hydrological Processes, 2003,17(8):1525-1538.

[55] 徐红灯. 农田排水沟渠对流失氮、磷的截留和去除效应[D]. 北京:北京化工大学, 2007.

[56] 王岩,王建国,李伟,等. 生态沟渠对农田排水中氮磷的去除机理初探[J]. 生态与农村环境学报, 2010,26(6):586-590.

[57] 王友贞,于凤存,沈涛. 淮北平原区干沟控制排水技术及效应[J]. 水利学报, 2013,44(1):104-110.

[58] 孙亚亚,俞双恩,陈军,等. 暴雨条件下不同灌排模式稻田排水中氮磷变化规律[J]. 河海大学学报(自然科学版), 2014,42(5):455-459.

[59] 俞双恩,张展羽,陶长生,等. 江苏省水稻节水灌溉技术推广模式[J].

灌溉排水，2001,20(3):33-36.

[60] 闫轲，方国华，黄显峰，等. 雨洪资源利用进展与利用模式探索[J]. 水利科技与经济，2011，17(3):58-60.

[61] 陶长生，王菊，徐方，等. 地下水埋深与土壤含水率对应关系和最优灌溉模式的试验研究[J]. 灌溉排水，2000，19(4):68-71.

[62] 王海丽，李铁，周立功，等. 农业节水补偿机制研究与应用[J]. 中国科技成果，2016 (8):32-34+38.

[63] 叶玉适. 水肥耦合管理对稻田生源要素碳氮磷迁移转化的影响[D]. 杭州:浙江大学，2014.

[64] GUITJENS J C, AYARS J E, GRISMER ME, et al. Drainage design for water quality management: Overview[J]. Journal of Irrigation and Drainage Engineering-Asce,1997,123(3):148-153.

[65] DEAL S C, GILLIAM J W, SKAGGS R W, et al. Prediction of nitrogen and phosphorus losses as related to agricultural drainage system design [J]. Agriculture,Ecosystems & Environment,1986,18(1):37-51.

[66] SKAGGS R W, GILLIAM J W. Modeling Subsurface Drainage and Water Management Systems to Alleviate Potential Water Quality Problems [J]. Developments in Environmental Modeling,1986,10:295-318.

[67] 南方水稻灌区农业面源污染生态治理模式及示范[Z]. 武汉大学，2015.

[68] 郭宗楼，雷声隆，刘肇祎. 灌排工程项目环境影响评价[J]. 中国农村水利水电，1999(5):7-10.

[69] 茆智，崔远来，董斌，等. 水稻高效节水与持续高产的灌排技术[J]. 水利水电技术，2002,2(33):65-67.

[70] 王瑞萍. 农田配套工程的配置及其重要作用[J]. 山西水利，2006，22(6):24+26.

[71] 张瑜芳，张蔚榛，沈荣开，等. 淹灌稻田的暗管排水中氮素流失的试验研究[J]. 灌溉排水，1999,18(3):12-16.

[72] 邵东国，孙春敏，王洪强，等. 稻田水肥资源高效利用与调控模拟[J]. 农业工程学报，2010,26(12):72-78.

[73] 张蔚榛，张瑜芳，沈荣开. 排水条件下化肥流失的研究——现状与展望[J]. 水科学进展，1997,8(2):197-204.

[74] NAKASONE H, ABBAS M A, KURODA H. Nitrogen transport and transformation in packed soil columns from paddy fields[J]. Faddy and

Water Environment,2004,2(3):115-124.

[75] 连纲,工德建,林静慧,等. 太湖地区稻田土壤养分淋洗特征[J]. 应用生态学报,2003,14(11):1879-1883.

[76] VITOUSEK P M, ABER J D, HOWARTH R W, et al. Human alteration of the global nitrogen cycle: sources and consequences[J]. Ecology Application,1997,7(3):737-750.

[77] GILES J. Nitrogen study fertilizes fears of pollution [J]. Nature, 2005,433:791.

[78] 高焕芝,彭世彰,茅智,等. 不同灌排模式稻田排水中氮磷流失规律[J]. 节水灌溉,2009(9):1-3.

[79] 国家环境保护总局《水和废水监测分析方法》编委会. 水和废水监测分析方法(第四版)[M]. 北京:中国环境科学出版社,2002.

[80] 邵孝侯,何俊,胡秀君,等. 水稻控灌中蓄灌溉模式的节水增产效应[J]. 江苏农业科学,2013,41(3):357-359.

[81] 白良明,张凤鸣. 水稻产量及构成因素的灰色关联度分析初探[J]. 农业系统科学与综合研究,2001,17(1):65-66.

[82] 蔺万煌,孙福增,彭克勤,等. 洪涝胁迫对水稻产量及产量构成因素的影响[J]. 湖南农业大学学报,1997,23(1):50-54.

[83] 徐英,周明耀,薛亚锋. 水稻叶面积指数和产量的空间变异性及关系研究[J]. 农业工程学报,2006,22(5):10-14.

[84] 郝树荣,郭相平,王为木,等. 胁迫后复水对水稻叶面积的补偿效应[J]. 灌溉排水学报,2005,24(4):19-21.

[85] GILLIAM J W, SKAGGS R W, WEED S B. An evaluation of the potential for using drainage control to reduce nitrate loss from agricultural fields to surface waters [R]. Raleigh: North Carolina Water Resources Research Institute,1978.

[86] GILLIAM J W, SKAGGS R W, WEED S B. Drainage control to reduce nitrate loss from agricultural fields [J]. Journal of Environmental Quality,1979,8(1):137-142.

[87] 徐振祥,冯丽萍. 常熟市高标准农田田间工程模式剖析[J]. 江苏水利, 2001(6):38-39.

[88] 沈荣开,张瑜芳,王修贵. 控制排水田间工程及水管理成套技术[J]. 水利水电技术,2002,33(5):58-60.

[89] 孙宁宁. 水稻灌区新型农田水利系统防污减污试验研究[D]. 武汉:

武汉大学,2011.

[90] 齐学斌,庞鸿宾. 节水灌溉的环境效应研究现状及研究重点[J]. 农业工程学报,2000,16(4):37-40.

[91] WESSTR M I,MESSING I. Effects of controlled drainage on N and P losses and N dynamics in a loamy sand with spring crops [J]. Agricultural Water Management,2007,87:229-240.

[92] NG H Y F,TAN C S,DRURY C F, et al. Controlled drainage and sub-irrigation influences tile nitrate loss and corn yields in a sandy loam soil in Southwestern Ontario [J]. Agriculture, Ecosystems and Environment,2002,90:81-88.

[93] WESSTR M I,MESSING I,LINN R H, et al. Controlled drainage-effects on drain outflow and water quality [J]. Agricultural Water Management,2001,47:85-100.

[94] 郭相平,张展羽,殷国玺. 稻田控制排水对减少氮磷损失的影响[J]. 上海交通大学学报(农业科学版), 2006, 24(3) :307-310.

[95] 张瑜芳,张蔚榛,沈荣开,等. 排水农田中氮素转化运移和流失[M]. 武汉:中国地质大学出版社,1997.

[96] 余根坚. 节水灌溉条件下水盐运移与用水管理模式研究[D]. 武汉:武汉大学,2014.

[97] 邱建军,李虎,王立刚. 中国农田施氮水平与土壤氮平衡的模拟研究[J]. 农业工程学报,2008,24(8):40-44.

[98] 唐致远,解桂英,李磊,等. 南方地区农业节水减排试点研究[J]. 农学学报, 2015,5(5):62-66.

[99] 肖梦华,俞双恩,章云龙. 控制排水条件下淹水稻田田面及地下水氮浓度变化[J]. 农业工程学报, 2011, 27(10):180-186.

[100] 彭世彰,张正良,罗玉峰,等. 灌排调控的稻田排水中氮素的变化规律[J]. 农业工程学报, 2009, 25(9):21-26.

[101] 肖梦华,俞双恩,王彦彦,等. 淹水稻田氮磷浓度变化以及基于环境因子变化的最优排水时机[J]. 水科学与水工程, 2013,6(2):164-177.

[102] 殷国玺,张展羽,邵光成. 农田地表排水对排水中磷质量浓度的影响[J]. 水利水电科技进展,2006, 26(4):24-26.

[103] 刘培斌,程伦国,陈瑞忠,等. 排水条件下稻田中氮素运移转化规律的试验研究[J]. 中国农村水利水电,1994,(4):15-21.

[104] 黄满湘,章申,唐以剑. 模拟降雨条件下农田径流中氮的流失过程

[J]. 土壤与环境，2001,10(1):6-10.

[105] 周明,孙树栋. 遗传算法原理及其应用[M]. 北京:国防工业出版社，2000.

[106] 周江红,林洪涛. 基于 RAGA 的 PPE 模型在小流域土地适宜性评价中的应用[J]. 水土保持科技情报,2004(1):15-17.

[107] 雷声隆,罗强,张瑜芳,等. 防渗渠道输水损失的估算[J]. 灌溉排水学报,2003,22(3) :7-10.

[108] 步丰湖,张红岐,王庆文,等. 衬砌渠道糙率取值方法的研究[J]. 内蒙古水利,2007(4) :144-146.

[109] 李德成. 灌溉渠道渗漏损失的实测方法分析[J]. 黑龙江水利科技，2012,40(3) :152-153.

[110] 任可,王红雨. 灌区输水渠道渗漏损失测算与分析[J]. 中国农村水利水电,2006(12) :16-18+20.

[111] 罗文忠. 灌区土渠水利用系数的估算[J]. 水利科技与经济,2008,14(2) :121-122.

[112] 赵文学,许军. 鸳鸯灌区输水渠道渗漏损失测算与分析[J]. 甘肃水利水电技术,2011,47(6) :49-51.

[113] 马景荣. 引嫩渠道渗漏损失的测定方法[J]. 黑龙江水利科技，2012,40(3) :172-173.

[114] BAILY J A. Principles of wildlife Management [J]. John Wiley & Sons,Inc. 1984:123-132.

[115] 徐碧华,郑志华,刘令峰,等. 高速公路建设对野生动物生境破碎化分析与生态廊道构建[J]. 交通建设与管理,2007(8) :50-53.

[116] 周维博,李立新,何武权,等. 我国渠道防渗技术研究与进展[J]. 水利水电科技进展,2004,(5):60-63+70.

[117] 宿宝江,吴富萍,孙景路，等. 渠道防渗效果对比试验研究[J]. 黑龙江水专学报,2000,(1):49-50.

[118] 王英,王宝卿. 渠道防渗节水效果浅析[J]. 节水灌溉，2004，(1)：35-37.

[119] 娄宗科,张慧莉,李宗利,等. 田间灌溉渠道防渗效果试验研究[J]. 水土保持研究,2002 (2):23-25.

[120] XIONG X B, GUI G Q, ZHAO Q H. Research on physical and mechanic properties of green-growing porous concrete for ecological slope protection [J]. Jiangsu Materials Science Forum,2009 (620-622): 749-752.

[121] SHACKEL B. Interlocking Concrete Block Paving [J]. Betonwerk und Fertigteil-Technik/Concrete Precasting Plant and Technology, 1987, 8: 541-547.

[122] 姜波,汤仁波. 确定渠道渗漏损失几种方法综合分析的选用[J]. 黑龙江水利科技,2011,39(5) :63-64.